古建筑技师职业资格鉴定规范

(南方地区)

香山职业培训学校

中国建筑工业出版社

图书在版编目(CIP)数据

古建筑技师职业资格鉴定规范（南方地区）／香山职业培训学校. —北京：中国建筑工业出版社，2010
 ISBN 978-7-112-11705-5

Ⅰ.古… Ⅱ.香… Ⅲ.古建筑-建筑工程-工程技术人员-职业技能鉴定-规范-中国 Ⅳ.TU745.9-65

中国版本图书馆 CIP 数据核字（2009）第 243038 号

古建筑技师职业资格鉴定规范
（南方地区）

香山职业培训学校

*

中国建筑工业出版社出版、发行（北京西郊百万庄）
各地新华书店、建筑书店经销
北京华艺制版公司制版
北京市兴顺印刷厂印刷

*

开本：850×1168 毫米 1/32 印张：6¾ 字数：196 千字
2010 年 3 月第一版 2010 年 3 月第一次印刷
定价：**18.00** 元
ISBN 978-7-112-11705-5
(18957)

版权所有 翻印必究
如有印装质量问题，可寄本社退换
（邮政编码 100037）

本书包括 4 部分，分别是：古建筑技师职业资格鉴定规范、古建筑技师技能复习题和模拟试题、技能考试实样、古建筑技师基础理论复习题等内容。本书以香山帮营造技艺制定的规范为基础，结合近 10 年以来历次技能考核、鉴定中的实践，编写成册。

本书可供从事古建筑施工的操作工人、技师以及从事古建筑技师职业技能培训的人员使用。

责任编辑：胡明安　姚荣华
责任设计：崔兰萍
责任校对：马　赛　赵　颖

前　言

本书是继2002年8月古建木工、古建瓦工、古建油漆工，初、中、高级工《职业技能岗位鉴定规范》（南方地区）之后的又一本南方地区古建筑木工等11个工种技师《职业资格鉴定规范》的技术性书籍，是古建筑高级工向技师晋升的又一考核鉴定规范。

苏州，是香山帮建筑工匠的发祥地，吴王曾在这里建造了"南宫"宫殿，故旧时这里曾称过"南宫乡"，又因吴王种香于此，遣美人以采之，故名（《吴地记》）。香山帮这一建筑流派历史渊源，也可上溯到两千多年前的春秋时期，这一流派的能工巧匠为江南地区留下了许多宫殿，坛庙、寺观、园林、民居宅第等无比珍贵杰作，到了明清时期，更是进入京城，形成了既有南方之秀又有北方之雄的艺术风格。其代表人物即以蒯祥、姚承祖为最。新中国成立以来，香山帮的足迹不仅遍布中国，而且踏遍全球几十个国家，为香山帮建筑艺术的继承和发展作出了新的贡献。

本书以香山帮营造技艺制定的规范，并从1999年以来在历次技能考核、鉴定中实施，造就了百来名古建筑技师。通过近十年的实践，由苏州香山职业培训学校进行编纂、修改，才形成本书所述。为慎重起，在规范初稿形成后，邀请了有香山帮传承人、高级工程师、高级技师、工艺大师、高级评委、工程师等在古建筑战线上有所建树的人员，他们是：冯晓东、陆耀祖、杨根兴、过汉泉、顾建明、邵捷东、顾培根、何根金、袁永富、李金明、刘一鸣、沈锦佑、陈家俊、周凤英等对《规范》进行讨论，并根据讨论意见进行修改，才形成本书。因此，本书将对今后在晋升、考核、考试中对促进香山帮营造技艺、造就香山帮传承人有一定积极的推进作用。同时本书也有抛砖引玉之意，使《规范》在今后实践中，日趋完善。

本书第一部分，为古建筑技师《职业资格鉴定规范》，第二部分为古建筑技师参加理论测试的复习题及试题（附答案），第三部分为古建筑技师技能考核的作品代表（附样图）。上述三个部分的编纂，由于时间仓促，错漏之处，在所难免，望有识之士，同仁、同行不吝指正。

香山职业培训学校
2009年12月1日

目 录

第1部分 古建筑技师职业资格鉴定规范 …… 1

1.1 古建筑木工技师职业资格鉴定规范(试用) …… 2
1.2 古建筑木雕工技师职业资格鉴定规范(试用) …… 5
1.3 古建筑瓦工技师职业资格鉴定规范(试用) …… 8
1.4 古建筑石雕工技师职业资格鉴定规范(试用) …… 12
1.5 古建筑砖细工技师职业资格鉴定规范(试用) …… 15
1.6 古建筑砖雕工技师职业资格鉴定规范(试用) …… 18
1.7 古建筑泥塑工技师职业资格鉴定规范(试用) …… 21
1.8 古建筑砌街工技师职业资格鉴定规范(试用) …… 24
1.9 古建筑假山工技师职业资格鉴定规范(试用) …… 27
1.10 古建筑油漆工技师职业资格鉴定规范(试用) …… 30
1.11 古建筑彩画工技师职业资格鉴定规范(试用) …… 34

第2部分 古建筑技师技能复习题和模拟试题 …… 37

2.1 古建筑木工技师 …… 38
  2.1.1 古建筑木工技师复习题(包括木雕工) …… 38
  2.1.2 职业资格鉴定试题 古建筑木工技师综合试卷(A) …… 47
  2.1.3 职业资格鉴定试题 古建筑木工技师综合试卷(B) …… 52
  2.1.4 职业资格鉴定试题 古建筑木工技师综合试卷(C) …… 58

2.2 古建筑瓦工技师 ……………………………… 63
2.2.1 古建筑瓦工技师复习题(包括砖细、砖雕、泥塑、砌街工) ……………………………… 63
2.2.2 职业资格鉴定试题 古建筑瓦工技师综合试卷(A) ……………………………… 72
2.2.3 职业资格鉴定试题 古建筑瓦工技师综合试卷(B) ……………………………… 77
2.2.4 职业资格鉴定试题 古建筑瓦工技师综合试卷(C) ……………………………… 82

2.3 假山工技师 ……………………………… 88
2.3.1 假山工技师复习题 ……………………………… 88
2.3.2 职业资格鉴定试题 古建筑假山工技师综合试卷(A) ……………………………… 94
2.3.3 职业资格鉴定试题 古建筑假山工技师综合试卷(B) ……………………………… 98
2.3.4 职业资格鉴定试题 古建筑假山工技师综合试卷(C) ……………………………… 102

2.4 古建筑油漆工技师 ……………………………… 106
2.4.1 古建筑油漆工技师复习题 ……………………………… 106
2.4.2 职业资格鉴定试题 古建筑油漆工技师综合试卷(A) ……………………………… 114
2.4.3 职业资格鉴定试题 古建筑油漆工技师综合试卷(B) ……………………………… 119
2.4.4 职业资格鉴定试题 古建筑油漆工技师综合试卷(C) ……………………………… 125

2.5 古建筑石工技师 ……………………………… 130
2.5.1 古建筑石工技师复习题 ……………………………… 130
2.5.2 职业资格鉴定试题 古建筑石工技师综合

	试卷(A)	161
2.5.3	职业资格鉴定试题 古建筑石工技师综合试卷(B)	164
2.5.4	职业资格鉴定试题 古建筑石工技师综合试卷(C)	168

第3部分 技能考试实样 ……………………………… 173

第4部分 古建筑技师基础理论复习题 ……………… 197

第1部分

古建筑技师职业资格鉴定规范

1.1 古建筑木工技师职业资格鉴定规范（试用）

职业功能	工作内容	技能要求	相关知识
一、工前准备	（一）图纸审核与制图	1. 能够参加古建筑施工图的审核工作； 2. 能够完成本专业审核施工图各部技术细节问题汇总、修改的整理工作； 3. 能够绘制古建筑木工专业的施工翻样图	1. 古建木工工艺知识； 2. 图纸审核的步骤与内容； 3. 对图纸进行工艺性的可行性分析方法； 4. 编写图纸审核意见的知识； 5. 图纸审核意见的整理方法； 6. 施工方法与顺序； 7. CAD 知识
	（二）施工计划准备	1. 能够编制古建筑、木工专业施工进度计划； 2. 能够编制古建筑木工专业施工工具、机具材料使用计划； 3. 能够根据施工量和工艺要求编制技术工人的上岗计划	1. 施工进度的保证措施； 2. 施工进度的依据及条件知识； 3. 施工进度的控制与调整知识； 4. 材料、工具、机具用量核算； 5. 定额定员管理知识
	（三）施工技术准备	1. 能够编制较复杂的古建筑木工工艺规程； 2. 能够完成古建筑木工专业施工中的质量控制； 3. 能够完成木工预算的编制工作； 4. 能够完整提供各种规格的用材计划表	1. 各工序之间的工艺衔接； 2. 编制工艺规程知识； 3. 质量标准知识； 4. 质量控制的检验方法； 5. 施工质量的保证体系； 6. 工程预算定额； 7. 主要用材的价格信息

续表

职业功能	工作内容	技 能 要 求	相 关 知 识
二、施工制作	（一）古建筑梁架制作和安装	1. 能够正确选用木材及相关辅材进行操作； 2. 能够正确选用工具机具； 3. 符合质量检验评定标准； 4. 能够完成组合和安装	1. 配料技术与加工余量确定方法； 2. 大木画线符号及方法； 3. 大木安装的步骤和放样方法； 4. 大木榫卯的构造和种类及制作； 5. 锯割、刨削、凿削拼接样作工艺及精度检查方法
	（二）古建筑外檐和内檐装饰的制造安装（包括：窗、栏杆、挂落、纱槅、屏门、博古架、罩类、水浪机）	1. 能够正确选用木材及其辅材； 2. 能够正确选用工具和机具； 3. 符合质量检验评定标准； 4. 能够按图完成外、内檐各种实物的制造及安装	1. 配料技术与加工余量的确定； 2. 画线方法； 3. 放样方法； 4. 制作中各种联结方法
三、施工管理	（一）编制管理制度	1. 能够制定古建木工专业岗位责任制； 2. 能够制定相关安全施工规程； 3. 能够编制工具设备管理制度	1. 岗位责任制与工序质量关系； 2. 岗位责任制的内容要求； 3. 安全生产知识； 4. 安全生产与工程质量关系； 5. 设备定额管理知识

3

续表

职业功能	工作内容	技 能 要 求	相 关 知 识
三、施工管理	（二）指导培训	1．能够指导初、中、高级古建木工解决处理施工制作过程中出现的技术难题； 2．能够对初、中、高级古建木工的专业技能和理论知识进行培训	编制相应教材和教学计划的知识
四、新材料、新技术应用	（一）新材料应用	能够在实际中结合古建筑之特点，应用新材料	新材料的性能、用途、施工工艺与施工方法
四、新材料、新技术应用	（二）新技术研究及应用	1．能够适应发展的工艺形势、学习新技术、新工艺并应用到施工工程中； 2．能够撰写专业论文	1．本专业的工艺技术发展动态； 2．新技术、新工艺的应用知识； 3．专业论文写作知识
五、工后处理	（一）质量检验	能够制定本职业施工质量的"三检"制度	1．自检、互检、工序交检的方法和步骤； 2．质量"三检"的知识
五、工后处理	（二）现场整理	能够完成主要施工材料的产品合格证、检验报告、原始测量数据、质量检验与评估报告、施工图等技术资料的整理存档工作	1．档案归类管理知识； 2．技术质料对工程质量检验的作用； 3．档案整理注意事项

古建筑木工技师培训内容与课时安排

课程设置		课时
基础知识	1. 建筑材料	30
	2. 建筑制图（含CAD电脑制图）	40
	3. 建筑结构和力学	40
	4. 建筑工程预算与定额及安全生产；	40
	5. 中国建筑史；	5
	6. 中国古代建筑	5
专业知识	1. 古建筑木工工艺；	130
	2. 营造法原木作部分；	130
	3. 苏州古典园林营造录	130
总计		550

1.2 古建筑木雕工技师职业资格鉴定规范（试用）

职业功能	工作内容	技能要求	相关知识
一、工前准备	（一）图纸审核与制图	1. 能够参加古建筑施工图的工艺性审核工作； 2. 能够完成木雕专业图纸的审核、汇总、修改、整理； 3. 能够绘制木雕专业的施工图	1. 古建木工工艺知识； 2. 图纸审核的步骤与内容； 3. 美术基础知识； 4. CAD制图知识
	（二）施工计划准备	1. 能够编制古建筑木雕专业施工进度计划； 2. 能够编制古建筑木雕专业施工工具、机具材料使用计划	1. 施工进度的保证措施； 2. 施工进度的依据、条件； 3. 施工进度的控制与调整； 4. 材料、工具、机具用量

续表

职业功能	工作内容	技能要求	相关知识
一、工前准备	（三）施工技术准备	1. 能够编制较复杂的木雕工艺规程； 2. 能够完成木雕专业的质量控制； 3. 能够完成成本预算的编制工作	1. 工序间工艺衔接； 2. 工艺规程编制方法； 3. 质量检测方法； 4. 工程预算定额； 5. 主要材料价格信息
二、施工制作	（一）家具（桌、椅、床、橱、博古架）木雕件制作	1. 能够正确选材； 2. 能够正确运用木雕刀具； 3. 能够独立完成木雕件的粗雕、细雕、精雕工步； 4. 能够完成组合和安装	1. 选用木材知识； 2. 木雕件的画线； 3. 木雕件的锯割、刨削、凿砍、胶合与拼缝； 4. 木雕的流派
二、施工制作	（二）古建筑构件（窗棂、地罩、挂落、垂柱、牌匾，斗栱、昂端）的木雕制作	1. 能够熟练地选用木雕材料； 2. 能够熟练地进行戏文、典故、人物、虫草、飞禽、瑞兽、花卉、树木的雕刻； 3. 能够合理运用各种刀法进行雕刻； 4. 符合质量检验评定标准	1. 不同雕件不同木材的选择； 2. 木雕制作的全套工艺； 3. 木雕件的组合，大型木雕的拼装
三、施工管理	（一）编制管理制度	1. 能够制定木雕工岗位责任制； 2. 能够制定相关安全施工规程	1. 岗位责任制与质量关系； 2. 编制岗位责任制要求； 3. 安全生产知识； 4. 安全生产与质量的关系

续表

职业功能	工作内容	技 能 要 求	相 关 知 识
三、施工管理	(二)指导培训	1. 能够指导初、中、高级木雕工处理技术难题; 2. 能够对初、中、高级木雕工的理论与技能培训	编制教材与教学计划知识
四、新材料、新技术应用	(一)新材料应用	结合木雕件的具体情况采用新型材料和胶粘剂	新材料的性能、用途知识
	(二)新技术应用	1. 根据木雕难易,采用新的雕刻技术,进行刀具改革; 2. 能够撰写专业论文	1. 新技术、新工艺的应用; 2. 论文写作知识
五、工后处理	(一)质量检查	能够制定木雕专业的"三检"制度	自检、互检、工检的方法
	(二)现场整理	工完场清、图纸、资料整理归档,质量评估	1. 档案归类知识; 2. 整理资料的要求

古建筑木雕工技师培训内容与课时安排

课程设置		课 时
基础知识	1. 建筑材料;	30
	2. 美术基础;	40
	3. 建筑结构和力学;	40
	4. 建筑工程预算与定额及安全生产;	40
	5. 中国木雕史	10

续表

课程设置		课时
专业知识	1. 古建筑木雕工艺； 2. 中国木雕； 3. 苏州古典园林营造录	130 130 130
总计		550

1.3 古建筑瓦工技师职业资格鉴定规范（试用）

职业功能	工作内容	技能要求	相关知识
一、工前准备	（一）图纸审核与制图	1. 能够参加古建筑施工图的审核工作； 2. 能够完成瓦工专业施工图审核记录、汇总、修改的整理工作； 3. 能够绘制古建瓦工专业台基、垛头、戗脊的一般详图	1. 古建瓦工专业工艺知识； 2. 图纸审核的步骤与内容； 3. 对图纸进行工艺性的可行性分析方法； 4. 施工方法和顺序； 5. 施工样图知识； 6. CAD制图知识
	（二）施工计划准备	1. 能够编制古建瓦工专业施工进度计划； 2. 能够编制古建瓦工专业施工工具、机具材料使用计划； 3. 能够根据施工量和工艺要求编制技术工人的上岗计划	1. 施工进度的保证措施； 2. 施工进度的依据及条件知识； 3. 施工进度的控制与调整； 4. 材料、工具、机具用量与进退场核算； 5. 定额定员管理知识

续表

职业功能	工作内容	技 能 要 求	相 关 知 识
一、工前准备	(三)施工技术准备	1. 能够编制较复杂的古建瓦工工艺规程； 2. 能够完成古建瓦工工程中的质量控制； 3. 能够完成成本专业预算的编制工作	1. 各工序之间的工艺衔接； 2. 编制工艺规程； 3. 质量标准知识； 4. 质量控制的检验方法； 5. 工程预算定额； 6. 主要用材的价格信息
二、施工制作	(一)古建筑墙体(各种墙体及各种门洞、窗洞、软硬景漏窗)的砌筑	1. 能够正确选用砌作材料及相关辅材进行砌筑； 2. 能够正确使用瓦工工具及测量仪器、工具； 3. 能够正确掌握各种门洞、窗洞、漏窗预留洞口尺寸等因素要求； 4. 符合质量检验评定标准	1. 古建筑的平面布局及造型； 2. 古建木构架形式； 3. 古建筑的放线和测量； 4. 古建筑各种墙体及门洞、窗洞、漏窗的构造； 5. 古建筑瓦工砌筑工艺及文物修复精度检查方法； 6. 砌筑工具及要求
	(二)古建筑屋盖(庑殿、硬山、悬山、歇山式)，筑脊(正脊、垂脊)发戗的施工制作	1. 能够正确选配屋盖材料及其辅材； 2. 能够正确按照工艺要求完成各种屋盖的砌筑； 3. 能够正确掌握各类屋脊的砌作及发戗的步骤； 4. 符合质量检验评定标准	1. 各种屋盖的瓦件种类的形状及质量要求； 2. 各种砌作灰浆的配制及质量要求； 3. 屋面施工及铺瓦的操作要点及要求； 4. 屋脊种类及砌脊的制作方法； 5. 屋面铺盖的质量检查方法

续表

职业功能	工作内容	技 能 要 求	相 关 知 识
三、施工管理	（一）编制管理制度	1．能够制定古建瓦工岗位责任制； 2．能够制定相关工程安全施工规程； 3．能够编制工具设备管理制度	1．岗位责任制与工序质量关系； 2．岗位责任制的内容要求； 3．安全生产知识； 4．安全生产与工程质量关系； 5．设备定额管理知识
	（二）指导培训	1．能够指导初、中、高级古建瓦工解决和处理施工制作过程中的技术问题； 2．能够对初、中、高级瓦工的专业技能和理论知识进行培训	编制相关教材和教学计划的知识
四、新材料、新技术应用	（一）新材料应用	能够在实际工作中结合古建瓦工之特点应用新材料、新制品	新材料、新制品的性能、用途、施工工艺与施工方法
	（二）新技术研究及应用	1．能够适应发展工艺形势，学习新技术、新工艺并应用到施工过程中； 2．能够撰写专业论文	1．本专业的工艺技术发展动态； 2．新技术、新工艺的应用知识； 3．专业论文写作知识

续表

职业功能	工作内容	技能要求	相关知识
五、工后处理	（一）质量检查	能够制定本职业施工质量的"三检"制度	1. 自检、互检、工序交检的方法和步骤； 2. 质量"三检"的知识
	（二）现场整理	能够完成主要材料的产品合格证、检验报告、原始测量数据、施工图等技术资料的整理存档工作	1. 档案归类管理知识 2. 技术资料对工程质量检验的作用 3. 档案整理注意事项

古建筑瓦工技师培训内容与课时安排

课程设置		课时
基础知识	1. 建筑材料；	30
	2. 建筑制图（含CAD电脑制图）；	40
	3. 建筑结构和力学；	40
	4. 建筑工程预算与定额及安全生产；	40
	5. 中国建筑史；	5
	6. 中国古代建筑	5
专业知识	1. 古建筑瓦工、砖细、砖雕、泥塑工艺；	130
	2. 营造法原瓦作、砖细、砖雕、泥塑部分；	130
	3. 苏州古典园林营造录	130
总计		550

1.4 古建筑石雕工技师职业资格鉴定规范（试用）

职业功能	工作内容	技 能 要 求	相 关 知 识
一、工前准备	（一）图纸审核与制图	1. 能够完成本专业施工图审核记录、汇总、修改的整理工作； 2. 能够绘制古建石雕专业的样图	1. 古建石雕专业工艺知识； 2. 图纸审核的步骤与内容； 3. 对图纸进行工艺性的可行性分析方法； 4. 美术基础知识； 5. 图纸审核意见的整理方法； 6. 施工方法和顺序
	（二）施工计划准备	1. 能够编制古建石雕专业施工进度计划； 2. 能够编制古建石雕专业施工工具、机具材料使用计划	1. 施工进度的保证措施； 2. 施工进度的依据及条件知识； 3. 施工进度的控制与调整； 4. 材料、工具、机具用量核算
	（三）施工技术准备	1. 能够编制较复杂的古建筑石雕工艺规程； 2. 能够完成古建石雕等专业工程施工工程中的质量控制； 3. 能够完成成本专业预算的编制工作	1. 各工序之间的工艺衔接； 2. 编制工艺规程； 3. 质量控制的检验方法； 4. 工程预算定额； 5. 主要用材的价格信息

续表

职业功能	工作内容	技能要求	相关知识
二、施工制作	（一）石雕加工中劈、截、凿、扁光、打道、刺点、砸花锤、剁斧、锯、磨光等方法，阶条石及柱顶石制作的运用	1. 能够正确选用石雕材料及相关辅材进行加工； 2. 能够正确使用石雕工具及测量仪器、工具； 3. 能够正确掌握各种加工方法的运用； 4. 符合质量检验评定标准	1. 古建筑的石雕布局及造型； 2. 古建筑木构架形式； 3. 古建筑石作知识； 4. 古建筑石雕各种类型和要求； 5. 古建筑石雕； 6. 古建筑石雕工具及要求
	（二）古建筑石雕中，平雕、浮雕、透雕及圆雕的程序和要求，柱顶及须弥座的制作	1. 能够正确选配石雕材料及其工具； 2. 能够正确按照工艺要求完成各种石雕施工； 3. 能够正确掌握各类石雕特征； 4. 能够按工艺要求完成石雕各种装饰； 5. 符合质量检验评定标准	1. 各种石雕种类的形状及质量要求； 2. 各种石雕材料的质量要求； 3. 石雕的操作要点及要求； 4. 石雕种类及制作方法； 5. 石雕的质量检查方法
三、施工管理	（一）编制管理制度	1. 能够制定古建石雕专业岗位责任制； 2. 能够制定相关工程安全施工规程； 3. 能够编制工具设备管理制度	1. 岗位责任制与工序质量关系； 2. 岗位责任制的内容要求； 3. 安全生产知识； 4. 安全生产与工程质量关系； 5. 设备定额管理知识

续表

职业功能	工作内容	技能要求	相关知识
三、施工管理	(二)指导培训	1. 能够指导初、中、高级古建石雕工解决和处理施工制作过程中的技术问题； 2. 能够对初、中、高级古建石雕工的专业技能和理论知识进行培训	编制相关教材和教学计划的知识
四、新材料、新技术应用	(一)新材料应用	能够在实际工作中结合古建石雕工之特点应用新材料	新材料的性能、用途、施工工艺与施工方法
	(二)新技术研究及应用	1. 能够适应发展工艺形势，学习新技术、新工艺并应用到施工过程中； 2. 能够撰写专业论文	1. 本专业的技术发展动态； 2. 新技术、新工艺的应用知识； 3. 专业论文写作知识
五、工后处理	(一)质量检查	能够制定本职业施工质量的"三检"制度	1. 自检、互检、工序交检的方法和步骤； 2. 质量"三检"的知识
	(二)现场整理	能够完成主要施工材料的产品合格证、检验报告、原始测量数据、施工图等技术资料的整理存档工作	1. 档案归类管理知识； 2. 技术资料对工程质量检验的作用； 3. 档案整理注意事项

古建筑石雕工技师培训内容与课时安排

课程设置		课时
基础知识	1. 建筑材料；	30
	2. 美术基础；	40
	3. 建筑结构和力学；	40
	4. 建筑工程预算与定额及安全生产；	40
	5. 中国建筑史；	5
	6. 中国古代建筑	5
专业知识	1. 古建石雕工艺；	130
	2. 中国古建筑瓦石营法；	130
	3. 苏州古典园林营造录	130
	总计	550

1.5 古建筑砖细工技师职业资格鉴定规范（试用）

职业功能	工作内容	技能要求	相关知识
一、工前准备	（一）图纸审核与制图	1. 能够参加古建砖细施工图的工艺性审核工作 2. 能够完成砖细施工图纸审核记录、汇总	1. 古建砖细知识； 2. 图纸分析方法； 3. 施工方法和程序； 4. 美术基础
	（二）施工计划准备	1. 能够编制古建砖细施工进度计划； 2. 能够编制古建砖细工具、机具材料计划； 3. 能够编制技术工人的上岗计划	1. 施工进度的保证措施； 2. 进度依据和条件； 3. 进度控制与调整； 4. 材料、工具、机具和用量

续表

职业功能	工作内容	技 能 要 求	相 关 知 识
一、工前准备	（三）施工技术准备	1. 能够编制古建砖细工艺规程； 2. 能够完成古建砖细质量控制和检测； 3. 能够完成古建砖细工作的预算	1. 各工序衔接方法； 2. 编制工艺规程知识； 3. 质量标准和控制； 4. 工程预算定额； 5. 主要材料价格信息
二、施工制作	（一）砖细材料的沥浆、制坯、保养、焙烘，一般方砖制作	1. 能够正确选材； 2. 能够正确焙烘，温度控制； 3. 砖坯出窑后的打磨、捆扎	1. 砖窑相关知识； 2. 砖坯的成型方法； 3. 砖坯进窑后的要求
	（二）砖细铺地、室外铺地、室内铺地，砖的刨削打磨，线脚制作	1. 能够按照图纸要求施工； 2. 能够熟练使用铺地工具及测量仪器； 3. 能够正确使用民间铺地方法	1. 平面布置与造型； 2. 质量控制与测量； 3. 民间铺地种类
	（三）勒脚和护窗的施工，青砖影壁制作	1. 能够正确按设计要求施工； 2. 能够正确使用施工工具； 3. 能够正确使用相关辅材、胶粘剂	1. 立体布局与形式； 2. 质量控制与测量； 3. 相关建筑风格

续表

职业功能	工作内容	技 能 要 求	相 关 知 识
三、施工管理	（一）编制管理制度	1. 能够制定古建筑砖细工的岗位责任制； 2. 能够制定相关工序安全生产规程； 3. 能够制定工具及设备管理制度	1. 岗位责任制与质量关系； 2. 岗位责任制的要求； 3. 安全生产知识； 4. 设备管理知识； 5. 砖窑的保养
	（二）指导培训	1. 能够指导初、中、高级古建砖细工处理施工过程中的技术问题； 2. 能够对初、中、高级砖细工进行专业技能和理论知识培训	编制相关教学计划与教材方法
四、新材料、新技术应用	（一）新材料应用	1. 能够在砖细工作中结合具体情况使用新型材料； 2. 能够发现砖细过程中提高质量方面的新材料	新材料的性能用途，施工工艺
	（二）新技术研究及应用	1. 能够适应发展工艺形势利用新技术，提高砖细质量； 2. 针对砖细工作的关键，书写论文资料	1. 砖细工艺发展动态； 2. 新工艺应用知识； 3. 论文写作知识
五、工后处理	（一）质量保证体系	能够制定砖细工作的"三检"制度	质量三检知识和方法
	（二）现场处理	能够做到工完场清，相关资料整理归档	1. 档案管理知识； 2. 技术资料对工程质量的关系

古建砖细工技师培训内容与课时安排

课程设置		课时
基础知识	1. 建筑材料；	30
	2. CAD知识；	40
	3. 建筑结构和力学；	40
	4. 建筑预算与定额及安全生产；	40
	5. 中国古代建筑	10
专业知识	1. 古建筑砖细工艺	130
	2. 营造法原	130
	3. 苏州古典园林营造录	130
总计		550

1.6 古建筑砖雕工技师职业资格鉴定规范（试用）

职业功能	工作内容	技能要求	相关知识
一、工前准备	（一）图纸审核与制图	1. 能够对古建筑砖雕施工图的工艺性审核工作； 2. 能够完成砖雕图纸的审核记录、汇总； 3. 能够绘制砖雕图案	1. 古建砖雕工艺知识； 2. 图纸分析方法； 3. 施工方法和程序； 4. 美术基础知识
	（二）施工计划准备	1. 能够编制古建砖雕施工进度计划； 2. 能够编制古建砖雕工具、机具材料计划； 3. 能够编制技术工人的上岗计划	1. 施工进度的保证措施； 2. 进度依据和条件； 3. 进度控制与调整； 4. 材料、工具、机具和用量

续表

职业功能	工作内容	技　能　要　求	相　关　知　识
一、工前准备	（三）施工技术准备	1. 能够编制古建筑砖雕工艺规程 2. 能够完成古建筑砖雕质量控制和检测 3. 能够完成古建筑砖雕工作的预算	1. 各工序衔接方法； 2. 编制工艺规程知识； 3. 质量标准和控制； 4. 工程预算定额； 5. 主要材料价格信息
二、施工制作	（一）印模浇塑	1. 能够把砖雕图图案题材纹样刻画在印模上； 2. 能够将印模图案题材印于未干的砖坯上； 3. 能够正确入室烘制	1. 图案、纹理、题材名目知识； 2. 砖坯焙烘知识
	（二）对花草植被、祥禽瑞兽，神仙人物，山水建筑、文字诗句进行平雕、浮雕、透雕、圆雕、贴雕与嵌雕	1. 能够熟悉砖雕图案的绘样、烘制； 2. 能够合理使用各种刀具和机具，按工艺流程进行施工； 3. 能够掌握砖雕苏州流派的技能	1. 砖雕各地流派及其特点； 2. 砖雕各种刀具的使用、机具的使用； 3. 古建砖雕的抽检方法； 4. 砖雕的质量保证体系； 5. 安全操作方法
	（三）对砖雕载体的合理选择（门楼、影壁、墙壁、楼栏、屋脊、牌坊）	1. 能够熟悉掌握各载体所有合理图案的配制； 2. 能够按照建筑风格来合理选择图案配制； 3. 图案成品件与载体合理的装配	1. 各种载体的知识； 2. 各流派对不同载体的要求； 3. 载体在整个建筑中的安排； 4. 各类图案的绘制方法

续表

职业功能	工作内容	技 能 要 求	相 关 知 识
三、施工管理	（一）编制管理制度	1. 能够制定古建筑砖雕工的岗位责任制； 2. 能够制定相关工序安全生产规程； 3. 能够制定工具及设备管理制度。	1. 岗位责任制与质量关系； 2. 岗位责任制的要求； 3. 安全生产知识； 4. 设备管理知识
	（二）指导培训	1. 能够指导初、中、高级砖雕工解决生产中的难题； 2. 能够对初、中、高级砖雕工进行专业技能和理论知识培训	编制相关教学计划与教材方法
四、新材料、新技术应用	（一）新材料应用	1. 能够在砖雕工作中结合实际使用新材料，降低成本； 2. 能够发现砖雕过程中新材料对产品质量的提高	1. 新材料的性能、用途； 2. 新材料所用的新工艺
	（二）新技术研究及应用	1. 能够适应砖雕形势之发展，采用新技术提高砖雕质量； 2. 撰写砖雕技术论文	1. 砖雕工艺发展动态 2. 新工艺应用知识 3. 论文写作知识
五、工后处理	（一）质量保证体系	能够制定古建筑砖雕的"三检"制度	质量三检知识和方法
	（二）现场处理	1. 能够做到工完场清； 2. 相关资料整理归档	1. 档案管理知识； 2. 技术资料对工程质量检验的关系

古建筑砖雕工技师培训内容与课时安排

	课 程 设 置	课　　时
基础知识	1. 建筑材料； 2. 美术基础； 3. 建筑结构和力学； 4. 建筑预算与定额及安全生产； 5. 中国古代建筑	30 40 40 40 10
专业知识	1. 古建筑砖雕工艺； 2. 营造法原； 3. 苏州古典园林营造录	130 130 130
	总计	550

1.7 古建筑泥塑工技师职业资格鉴定规范（试用）

职业技能	工作内容	技能要求	相关知识
一、工前准备	（一）图纸审核与绘画	1. 能够对古建筑陶灰塑的样图进行审核； 2. 能够完成陶灰塑的手工绘画	1. 古建筑陶灰塑知识； 2. 陶灰塑由砖雕延伸的理论； 3. 美术基础知识； 4. 支架绑扎
	（二）施工计划编制	1. 能够编制陶灰塑的施工进度计划； 2. 能够编制陶灰塑的材料和工具计划； 3. 能够组织陶灰塑工人上岗操作	1. 施工进度保证措施； 2. 进度依据和条件； 3. 进度控制与调整； 4. 材料使用计划

21

续表

职业技能	工作内容	技 能 要 求	相 关 知 识
一、工前准备	（三）施工技术准备	1. 能够编制陶灰塑的工艺规程； 2. 能够完成陶灰塑的质量控制； 3. 能够完成陶灰塑的工料预算； 4. 脚手架设置安全	1. 各工序间的衔接； 2. 编制工艺规程知识； 3. 质量标准； 4. 主要材料价格信息； 5. 工程预算知识
二、施工制作	（一）主材与辅材选择做骨架及芯子	1. 能够按样图陶灰塑正确选择主材和辅材； 2. 能够正确用辅材搭好骨架或芯子	1. 美术绘画知识； 2. 陶塑、泥塑知识； 3. 传统工艺图案
	（二）按限定的骨架芯子制作人物、花草、虫鸟、飞禽走兽及文字（例：和合二仙、天王、广汉、龙吻、狮子、麒麟、凤凰、牡丹、蝙蝠、小兽等）	1. 能够根据建筑要求用堆灰、灰塑技术，按图样手工捏出栩栩如生的堆塑形象； 2. 根据各种戗、脊的建筑屋盖类型及建筑风格，合理挖出陶灰塑的样图	1. 建筑类型知识； 2. 民间吉祥瑞语的具体要求； 3. 各种材料之间的配比知识； 4. 载体选择知识
三、施工管理	（一）编制管理制度	1. 能够编制古建泥塑工的岗位责任制； 2. 能够编制相关安全操作规程； 3. 能够编制工具,设备管理制度	1. 岗位责任制与质量的关系； 2. 岗位责任制的要求； 3. 安全知识； 4. 设备管理知识

续表

职业技能	工作内容	技 能 要 求	相 关 知 识
三、施工管理	（二）培训指导	1．能够指导初、中、高级砖雕工解决生产中的难题； 2．能够对初、中、高级砖雕工进行专业技能和理论知识培训	编制相关教学计划与教材方法
四、新材料、新技术应用	（一）新材料应用	1．能够在陶灰塑工作中利用新材料、提高质量、降低成本； 2．陶灰塑工作中及时使用新材料	1．新材料的性能、用途； 2．新材料价格
	（二）新技术应用	1．能够在工作过程中不断采用先进工艺，提高陶灰塑的质量； 2．撰写新工艺、新技术方面的论文	1．当今陶灰塑的动态； 2．新工艺应用知识； 3．论文写作知识
五、工后处理	（一）质量保证体系	能够编制古建陶灰塑的三检制度及质量标准	质量"三检"知识
	（二）现场处理	1．能够做到工完场清； 2．相关资料整理归档	1．档案管理知识 2．技术资料对工程质量关系

古建筑泥塑工技师培训内容与课时安排

	课 程 设 置	课 时
基础知识	1. 建筑材料； 2. 美术基础知识； 3. 建筑结构和力学； 4. 建筑预算与定额及安全生产； 5. 中国古代建筑	30 40 40 40 10
专业知识	1. 古建筑陶灰塑工艺； 2. 营造法原； 3. 苏州古典园林营造录	130 130 130
	总计	550

1.8 古建筑砌街工技师职业资格鉴定规范（试用）

职业功能	工作内容	技 能 要 求	相 关 知 识
一、工前准备	（一）图纸审核	1. 能够完成对铺地（砌街）图纸的审核； 2. 能够对审图中发现的问题提出修改意见	1. 建筑施工图的绘制及分类； 2. 古建筑"砌街"的图样知识
	（二）施工计划准备	1. 能够制订出"砌街"施工进度计划； 2. 能够编制"砌街"的材料、工具、计划； 3. 能够组织"砌街工"的上岗计划	1. 施工进度计划与施工的关系； 2. 工具、材料用量的换算
	（三）施工技术资料	1. 能够编制铺地（砌街）的工艺规程； 2. 对砌街工程质量的控制； 3. 能够作出砌街工程的预算	1. 各工种互相衔接知识； 2. 工艺规程与质量保证的关系； 3. 工程预算知识； 4. 相关材料价格信息

续表

职业功能	工作内容	技 能 要 求	相 关 知 识
二、施工制作	(一)铺地(砌街)前的准备工作	1. 对材料的挑选; 2. 抄平标高; 3. 挖基础; 4. 符合质量检验评定标准	1. 砌街材料的品种知识; 2. 建筑标高知识; 3. 基坑要求; 4. 垫层要求
	(二)黄道砖铺筑地面;金砖铺地;弹石铺地;方砖铺地;冰梅铺地;花街铺地;卵石铺地;(包括各种甬道砌筑)	1. 能熟练地按照图纸要求进行铺地(砌街)操作,达到合格,美观,韵味画意; 2. 能够熟练掌握各种古建筑铺地(砌街)的技术要领; 3. 能够正确处理与相关工种相衔接的技术关键; 4. 符合质量检验评定标准	1. 道路建筑的关系知识; 2. 道路与绿化的关系知识; 3. 各种铺地的应用知识; 4. 各种铺地的质量控制知识; 5. 选材均匀,色泽搭配与图案一致
三、施工管理	(一)编制管理制度	1. 能够编制砌街工岗位责任制; 2. 能够编制安全操作规程; 3. 能够编制工具设备管理制度	1. 管理制度与质量控制关系; 2. 相关管理制度与安全生产知识; 3. 设备的主要性能
	(二)指导培训	1. 能够对初、中、高级砌街工进行技术指导,解决生产中难题; 2. 能够对初、中、高级砌街工进行专业理论与实际操作培训	1. 编制教材知识; 2. 传统砌街的图案知识

续表

职业功能	工作内容	技 能 要 求	相 关 知 识
四、新材料、新技术应用	(一)新材料的应用	1. 在砌街工程中尽量采用新型材料,以保证其质量; 2. 在采用新材料前提下逐步降低成本	1. 新材料的性能和用途,和本身质量知识; 2. 新材料的理、化实验知识
	(二)新工艺的应用	1. 在编制工艺规程时尽量采用新工艺,减小劳动强度; 2. 在本工种中逐步推广成熟的新工艺; 3. 编写论文	1. 新工艺的实验知识; 2. 新工艺推广途经; 3. 论文写作知识
五、工后处理	(一)组织质量检验	按"三检"制度做好工序检验	三检的知识
	(二)现场整理	1. 工完场清; 2. 资料整理归档	文明生产知识; 档案归档知识

古建筑砌街工技师培训内容与课时安排

课 程 设 置		课 时
基础知识	1. 建筑材料; 2. 建筑制图; 3. 建筑结构和力学; 4. 建筑工程预算与定额及安全生产; 5. 中国古代建筑	30 40 40 40 10

续表

课程设置		课　时
专业知识	1. 古建筑瓦工、砖细、砖雕、泥塑、砌街工艺；	130
	2. 营造法原瓦作、砖细、砖雕、泥塑砌街部分；	130
	3. 苏州古典园林营造录	130
	总计	550

1.9　古建筑假山工技师职业资格鉴定规范（试用）

职业技能	工作内容	技能要求	相关知识
一、工前准备	（一）图纸审核	1. 对洞体、理水等施工图及各种类别的叠石图纸以及各种叠石草图（立面、平面）进行现场复核，提出修改的意见或建议； 2. 根据草图能运用CAD完成假山及其相关工种局部施工图	1. 叠石的原理和方法； 2. 《营造法原》中关于叠山的理论； 3. 叠山置石的基本特征； 4. 草图的绘制方法； 5. 国画基础知识
	（二）施工计划编制	1. 对假山专业施工计划进行编制； 2. 对叠石工具和机具的使用计划进行编制； 3. 对叠石的劳动力进行合理组织	1. 施工计划编制方法，施工进度的调控； 2. 工具、机具、材料用量的核算方法

续表

职业技能	工作内容	技 能 要 求	相 关 知 识
一、工前准备	（三）施工技术准备	1. 对叠石专业操作规程及其安全保障措施进行准备； 2. 对叠石的质量保证体系进行准备； 3. 对叠石的预算进行编制	1. 相关工种的衔接与配合； 2. 安全生产、质量保证、操作方法的调控和检查； 3. 叠石的预算方法； 4. 相关材料价格信息
二、施工制作	（一）假山的各种布置形式与分类堆叠各种造型以及各种小品的置石制作	根据草图构思，利用实际环境进行叠山置石与建筑物达到和谐搭配，构成一幅美的山水画	1. 假山堆叠的各种手法； 2. 假山堆叠的力学原理； 3. 假山堆叠应遵循的规则； 4. 美学原理
二、施工制作	（二）假山与理水的堆叠形式和组合假山的制作	1. 根据水环境构思假山的形式； 2. 组合假山的制作	1. 山石与水的关系； 2. 大型、组合假山的堆置方法及安全措施
三、施工管理	（一）编制管理制度	1. 编制假山工岗位责任制； 2. 编制相关安全施工工程； 3. 编制工具设备管理制度； 4. 对现有管理制度进行评估提出修改意见	1. 相关管理制度与工程质量关系； 2. 相关管理制度与工程安全生产关系； 3. 叠山置石的主要工具制作； 4. 有关山水画的绘画知识

续表

职业技能	工作内容	技能要求	相关知识
三、施工管理	（二）培训指导	1. 能够指导初、中、高级假山工处理施工过程中技术问题； 2. 对初、中、高技术等级工人进行本职业的培训指导（含理论与实际两方面）	编制相关教材的方法
四、新材料、新技术应用	（一）新材料、新工艺应用	在实际工作中结合工程具体情况，充分利用新材料、新工艺、新技术以保证施工质量和安全	1. 新材料的性能、用途及可能出现的问题解决方法； 2. 塑石假山的应用
	（二）论文撰写	结合工作实际编写专业论文	论文写作知识
五、工后处理（含工序的完工验收）	（一）质量验收	按"三检"制度做好自检，尤其是安全性能的自检	1. 自检、互检、工序交检的方法步骤； 2. "三检"知识
	（二）现场善后	对交付的假山工程应按相关质量标准进行自检验收，着重安全方面、力学美学方面，在合格基础上填写相关资料，做到及时、准确、完整，然后正式提交相关部门验收	1. 技术档案管理知识； 2. 技术资料整理方法； 3. 对技术资料的评估方法

古建筑假山工技师培训内容与课时安排

课程设置		课 时
基础知识	1. 建筑材料；	30
	2. 国画基础；	40
	3. 建筑结构和力学；	40
	4. 建筑预算与定额及安全生产；	40
	5. 中国建筑史；	5
	6. 中国古代建筑	5
专业知识	1. 假山工艺；	130
	2. 营造法原叠山部分；	130
	3. 苏州古典园林营造录	130
总计		550

1.10 古建筑油漆工技师职业资格鉴定规范（试用）

职业技能	工作内容	技能要求	相关知识
一、工前准备	（一）图纸审核	1. 对建筑施工图中需要油漆的部位进行与实际工程核对，对需要油饰的面积、色泽、效果进行记录，对不妥之处提出修改意见或建议； 2. 对需油漆的建筑结构件进行核实	1. 古建筑的基本理论《园冶》和《营造法原》的知识； 2. 苏州香山帮建筑技艺的油漆要点； 3. 对古建筑油漆工的操作理论； 4. 施工图纸复核、分析、修改的要点
	（二）施工计划编制	1. 对油漆专业施工计划进行编制； 2. 对油漆材料、工具的使用计划进行编制； 3. 对油漆工作的劳动力进行组织	1. 施工计划编制方法，施工进度的调控； 2. 工具、材料用量的核算方法

续表

职业技能	工作内容	技 能 要 求	相 关 知 识
一、工前准备	（三）施工技术准备	1．对古建筑油漆工专业工艺进行准备； 2．对古建筑工程质量的调控，确保达标； 3．对古建筑油漆、工程的预算进行编写	1．各工种、工序间的相互衔接与配合； 2．工艺规程、质量标准的调控和检验方法； 3．工程预算定额； 4．相关材料价格信息
二、施工制作	（一）古建筑油漆的大漆油饰、硬木新作、修缮着色、金银箔罩漆、贴金的制作	1．对古建筑油漆各种工艺操作能按法式法则独立完成； 2．对古建筑油漆施工已完成项目的质量进行评估、检验； 3．符合质量检验评定标准	1．古建筑油漆操作规范及其法式、法则； 2．相关古建筑油漆质量验收评定标准及其允许偏差范围； 3．生漆（GB/T 14703—1993）桐油（GB/T 8277—1987）国家标准知识
	（二）匾额、家具的油漆制作	1．对古建筑匾额制作（雕刻、堆字、刻字扫青、扫绿、扫金、贴金）及红木家具揩漆能按要求制作； 2．符合质量检验评定标准	1．匾额的分类：对联的分类； 2．家具的分类及款式的分类； 3．古建筑油漆的分类和要求； 4．古建筑油漆的质量保证

续表

职业技能	工作内容	技 能 要 求	相 关 知 识
三、施工管理	（一）编制管理制度	1. 编制油漆工岗位责任制； 2. 编制相关安全生产规程； 3. 编制工具设备管理制度	1. 相关管理制度与工程质量关系； 2. 相关管理制度与工程安全生产关系； 3. 油饰工具的主要用途
	（二）培训指导	1. 能够指导初、中、高级油漆工处理施工过程中技术问题； 2. 对高、中、初技术等级工人进行本职业的培训指导（含理论与实际两方面）	编制相关教材的方法
四、新材料、新技术应用	（一）新材料应用	在实际工作中结合工程具体情况利用新材料、新工艺、新技术以保证施工质量为主要目标	新材料的性能、用途及可能出现的问题解决方法
	（二）论文写作	结合工作实际撰写论文	论文写作知识

续表

职业技能	工作内容	技 能 要 求	相 关 知 识
五、工后处理（含工序的完工验收）	（一）质量验收	按"三检"制度做好自检	1. 自检、互检、工序交检的方法步骤； 2. "三检"知识
	（二）现场善后	对交付的竣工项目按质量验收标准，在自检合格继续上填写相关资料，做到及时、准确、完整、然后正式提交相关部门竣工验收	1. 技术档案管理知识； 2. 技术资料整理方法； 3. 对技术资料的评估方法

古建筑油漆工技师培训内容与课时安排

课 程 设 置		课 时
基础知识	1. 建筑材料；	30
	2. 建筑制图；	40
	3. 建筑结构和力学；	40
	4. 建筑预算与定额及安全生产；	40
	5. 中国建筑史；	5
	6. 中国古代建筑	5
专业知识	1. 营造法原；	130
	2. 中国传统油漆装饰技艺；	130
	3. 中国园林建筑施工技术	130
总计		550

1.11 古建筑彩画工技师职业资格鉴定规范（试用）

职业技能	工作内容	技 能 要 求	相 关 知 识
一、工前准备	（一）图纸审核	1．能够对古建筑彩画的样图进行审核； 2．能够利用美术基础完成彩画的设计	1．古建彩画知识； 2．清代旋子彩画和苏式彩画的知识； 3．美术基础知识
	（二）施工计划编制	1．对古建筑彩画能编制施工进度计划； 2．能够对古建彩画的材料、工具编制使用计划； 3．能够编制彩画工的上岗计划	1．施工进度计划编制知识； 2．工具、材料用量的核算方法
	（三）施工技术准备	1．能够编制彩画的工艺规程； 2．能够对彩画的质量进行控制和检测； 3．能够对彩画作出预算	1．各工序间的衔接； 2．工艺规程编制知识； 3．质量标准的调控与检测方法； 4．工程预算定额； 5．主要材料价格信息
二、施工制作	（一）古建筑彩画选择，苏式彩画为主	1．能够正确根据古建筑特色风格确定彩画涂料； 2．旋子和玺彩画和苏式彩画能够正确区分和选择	1．古建筑的风格南北区别； 2．彩画的历史和发展； 3．彩画的样图知识

续表

职业技能	工作内容	技能要求	相关知识
二、施工制作	(二)对梁、枋、柱子、斗拱、藻井、天花按需制作彩画和修缮彩画	1. 能够按照彩画要求,进行大色配制、掌色配制、小色配制; 2. 能对原有彩画进行测绘、起谱、地仗、落幅、沥粉、栓塞、包黄胶拉笔色、拉大粉、压表整理、罩光油的修缮; 3. 从浅色到深色,上、下、左、右不能穿线	1. 和玺彩画、旋子彩画、苏式彩画的区分与特点及其具体制作; 2. 彩画修缮知识; 3. 彩画的保养知识
三、施工管理	(一)编制管理制度	1. 能够编制彩画工岗位责任制; 2. 能够编制相关安全生产规程; 3. 编制工具设备管理制度	1. 岗位责任制与质量关系; 2. 相关制度与工程安全生产关系; 3. 彩画材料价格信息
三、施工管理	(二)培训指导	1. 能够指导初、中、高级彩画工解决生产中难题; 2. 能够对初、中、高级彩画工进行技术培训	编制培训教材知识
四、新材料、新技术应用	(一)新材料应用	1. 能够在彩画过程中使用新材料,不断降低成本; 2. 新材料的主要性能、用途	1. 相关材料的比较、性能、用途、质量等方面; 2. 新材料的理化试验

续表

职业技能	工作内容	技能要求	相关知识
四、新材料、新技术应用	(二)新技术的应用	1. 能够在彩画中不断使用新技术、提高质量; 2. 结合实际撰写论文	1. 新技术应用知识; 2. 论文写作知识
五、工后处理	(一)质量验收	按"三检"制度做好质量保证工作	"三检"的交验步骤和方法
	(二)现场处理	1. 做到工完场清; 2. 整理资料、归档	1. 档案管理知识; 2. 技术资料整理方法

古建筑彩画工技师培训内容与课时安排

课程设置		课时
基础知识	1. 建筑材料;	30
	2. 美术基础;	40
	3. 建筑结构和力学;	40
	4. 建筑预算与定额及安全生产;	40
	5. 中国建筑史;	5
	6. 中国古代建筑	5
专业知识	1. 营造法原;	130
	2. 中国传统油漆修饰工艺;	130
	3. 中国园林建筑施工技术	130
总计		550

第 2 部分

古建筑技师技能复习题和模拟试题

2.1 古建筑木工技师

2.1.1 古建筑木工技师复习题（包括木雕工）

一、问答题

1. 建筑施工图可分几大类施工图？写出名称？

答：分五大类：总平面图、建筑平面图、建筑立面图、建筑剖面图、建筑详图。

2. 建筑平面图可否替代所有建筑施工图？

答：不可以代替。

3. 线宽的基本单位是什么？

答：是"b"。

4. 试述标准设计标高的表示方法？

答："±0.000"。

5. 如何表示比标准标高低的方法？

答："-0.000"。

6. 电脑制图以什么代号表示？

答："CAD"。

7. 什么叫仿古建筑？

答：按现代结构材料、做法建造的古建筑。

8. 何谓提栈？

答：屋面斜坡的曲线面，即按一定的比例确定屋面斜坡的方法。

9. 嫩戗在什么位置？（建筑物）

答：置于老角梁上前端。

10. 老戗应在建筑物什么位置？

答：正侧屋架斜角相交置于廊桁和步桁之上。

11. 什么叫汇榫？

答：木构架的榫眼汇合做法。

12. "老中"是代表什么？

答：木构件中线的名称。

13．试述古建筑承重的原理？

答：古建筑承重原理主要依靠木构架的原理。

14．格扇如何命名？

答：根据横抹头数量来命名。有六抹……两抹。

15．挂落装饰在建筑物什么位置？

答：装在廊柱间枋子下面。

16．试述什么是举架？

答：古建筑木构件相邻两檩中心垂直距离（举高）除以对应梁距，其系数叫举架。

17．何谓大式建筑、小式建筑？

答：带斗栱者为大式建筑，不带斗栱者为小式建筑。

18．古建筑正中一间称什么？

答：正中称明间，两端称梢间，其余称次间。

19．牌科与斗栱如何区别？

答：牌科和斗栱是同一种木构件，只是南方称牌科。北方称斗栱。

20．何谓"五七"、"四六"式牌科？

答："五七式"即斗宽七寸、高五寸、斗底宽五寸，"四六式"是"五七式"的八折。

21．苏州玄妙观三清殿正贴所用七出参上昂牌科是什么朝代的？

答：是宋代宋式牌科。

22．古建筑宽称什么？

答：古建筑东西方向称宽，叫开间。南北向称深叫进深。

23．何谓步架？

答：古建筑木构架相邻两檩中心水平距离叫步架。

24．试述斗栱组成？

答：由联合斗、升、栱、昂组成。

25．同种木材影响其强度的主要原因是什么？

答：含水量、负荷时间、疵点。

26. "厅"、"堂"有何区别？

答：以用料不同，扁方料者称"厅"，圆料者称"堂"。

27. 虎丘云岩寺二山门外檐桁间牌科属什么？

答：属琵琶撑而外侧无昂之牌科。

28. 材料硬度指什么？

答：指能抵抗其他较硬物体压入之能力。

29. 什么叫施工方案？施工方法？

答：施工方案即施工方法，两者为一。

30. 解释"安全第一，预防为主"的含义？

答：在生产过程中必须把安全放在第一位，预防事故发生。

31. 审核图纸属于什么性质的工作？

答：是施工准备工作中的重要环节。

32. 脚手架有何功用？

答：是给施工人员工作站立的固定位置。

33. 什么叫工艺卡片？

答：班组作业方案和作业计划。

34. 老戗断面根梢之比为多少？

答：为1:0.8。

35. 针叶树的细胞和组织是什么？

答：是管胞和木射线。

36. 木材的干缩率从弦、径、纵三个方面看，何大、何小？

答：弦向最大、纵向最小、径向居中。

37. 在大式做法中连机高度应多少？

答：与坐斗高相同。

38. 筒瓦用在什么地方？

答：用于殿类建筑。

39. 木材的平衡含水率指什么？

答：含水率与空气湿度一致。

40. 制作桁条之木材如节子多应作何处置？

答：节子的一面应朝上安放。

41. 歇山做法，其一端挑出长度应为开间的多少？

答：为开间的 1/4。

42. 一般弯椽曲势为多少？

答：为椽长的 1/10。

43. 扁作大梁的拔亥深度为梁厚多少？

答：为梁厚的 1/5。

44. 直径最小的年轮部位叫什么？

答：髓心。

45. 安椽头位于什么部位？

答：位于头定椽梢。

46. 木材经向干缩率为多少？

答：3%～6%。

47. 加工直径 300 以内木柱，长度方向、直径方向加工余量各多少？

答：长度方向为 50mm，直径方向为 20mm。

48. 木结构安装应从哪里开始？

答：应从四井口开始。

49. 厅之正间相对称什么厅？

答：对照厅。

50. 厅较深，其脊柱前后，地盘对称，唯用料有别，梁架一面扁作、一面圆料，称什么厅？

答：鸳鸯厅。

51. 厅之步柱不落地，代之短柱、柱前雕花篮，称什么厅？

答：花篮厅。

52. 古建筑木构架中，最外围的柱子，承受屋檐荷载称什么？

答：檐柱。

53. 木构架中位于矩形四坡顶的山与檐面交角处最下架的梁叫什么？

答：角梁。

54. 位于无斗栱建筑檐柱柱头间的横向联系构件叫什么？

答：檐枋。

55. 古建筑中联络建筑物，分隔院子，又可通行的建筑叫什么？

答：廊。

56. 何谓归安？

答：修缮过程中将拔榫移位的构件复位叫归安。

57. 木构架安装中柱径 200m 以内的榫卯结构节点间隙允许值是多少？

答：间隙为 3mm。

58. 每座建筑物的檐口标高允许偏差是多少？

答：±5mm。

59. 古建筑总进深允许偏差为多少？

答：±15mm。

60. 斗栱制安中，昂、栱、云斗水平度，斗口在 70mm 以上允许偏差是多少？

答：为 7mm。

61. 古建筑制安中，用什么量具检查榫卯间隙？

答：用楔形塞尺。

62. 老嫩戗中心线与柱中心线允许偏差偏移多少？

答：10mm。

63. 厅堂嫩戗标高允许偏差是多少？

答：±20mm。

64. 厅堂老戗标高允许偏差是多少？

答：±10mm。

65. 挂落制作中，构件总长度允许偏差是多少？

答：-4mm。

66. 博古架制安中，对角线长短允许偏差是多少？

答：2mm。

二、计算题

1. 已知回顶三界总进深 3m，计算回顶桁距多少？平椽行距

多少？（精确到厘米）

【解】回顶桁距：$300 \times 0.3 = 90 \text{cm}$

平橡桁距：$(300 - 90) \div 2 = 105 \text{cm}$

答：回顶桁距90cm，平橡桁距105cm。

2. 有一仿古建筑，桁条为圆形截面，提栈五算，界深1.1m，进深共5界，正间面宽3.1m，两边间面宽2.85m，橡花尺寸按常规，问需用橡子、头定、花界、出檐橡各多少？出檐橡长度为界1/2，出檐橡净长多少？（精确到厘米）

【解】边间：$285 \div 22 \approx 13$ 档

正间：$310 \div 22 \approx 14$ 档

每篓：$13 \times 2 + 14 + 1 = 41$ 根

$41 \times 5 = 205$ 根（橡子）

其中：头定为：$41 \times 2 = 82$ 根

花界为：$41 \times 1 = 41$ 根

出檐橡：$41 \times 2 = 82$ 根

出檐橡长：$110 \times 1.5 \times 1.118 = 184 \text{cm}$

答：橡子205根，头定82根，花界41根，出檐橡82根，出檐橡长184cm。

3. 已知某双坡木基层面工程量为618m^2，其中檐口方向长度为30.9m，采用规格为$800 \text{mm} \times 36 \text{mm} \times 8 \text{mm}$的100根灰板条，$1200 \text{mm} \times 25 \text{mm} \times 25 \text{mm}$的50根挂瓦条，若增加2%的损耗，则需要多少捆的灰板条和挂瓦条？

【解】（1）山墙半坡长：$618 \div 30.9 \div 2 = 10 \text{m}$

（2）挂瓦条：行数$(10 - 0.28) \div 0.32 \times 2 = 30.38 \times 2 \to$

$(31 + 2) \times 2 = 66$

数量：$30.9 \div 1.2 \times 66 \times 1.02 \div 50$

$= 1733 \div 50$

$= 34.7 \to 35$ 捆

（3）灰板条：行数：$30.9 \div 0.4 = 77.25 \to 78 + 1$

$79 \times 2 = 158$

数量：$10 \div 0.8 \times 79 \times 1.02 \times 2 \div 100$
$= 2014.5 \div 100 = 20$ 捆

答：挂瓦条 35 捆，灰板条 20 捆。

4. 某古建工程质量检测详审情况：保证项目全部合格，基本项目检查 16 项，其中合格 6 项，优良 10 项，允许偏差项目实测 26 个点，其中合格 20 个点，6 个点不合格，按以上数据计算有关合格率，优良率，并确定该建筑质量等级？

【解】保证项目：合格率 $= (6+10) \div 16 = 100\%$
优良率 $= 10 \div 16 = 62.5\%$
允许偏差项目：合格率 $= 20 \div 26 = 77\%$

答：合格率为 100%，优良率为 62.5%，该建筑可为优良等级。

三、看图答题：**图 2.1.1-1、图 2.1.1-2 为古建筑六角亭平面图由木工按老嫩戗、戗伞木及支舍、桁平面图填写各构件名称。**

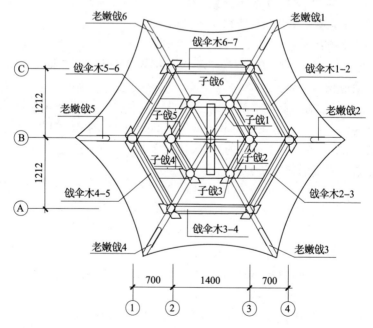

图 2.1.1-1 老嫩戗、戗伞木平面图

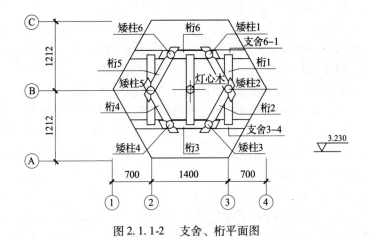

图 2.1.1-2 支舍、桁平面图

四、简答题

1. 试述"墙倒屋不塌"的道理?

答:墙倒屋不塌,说明中国古建筑的木构架负重,墙体仅起避风雨的功能。按木构架的受力作用,可分为下列几部分:柱类构件(受压构件),梁类构件(受弯构件),大式做法中的牌科(斗栱)有着传递屋面荷载及装饰作用的构件。有着这些构件相互联结,即使墙壁四面都倒塌,其屋架仍可立在地基之上。

2. 提栈歌诀是什么?

答:是古代工匠总结的建筑房屋、厅堂、殿宇时,其屋架提栈之经验,其诀是:民房六界用两个,七界提栈用三个,依照界深即是算,厅堂圆堂用前轩,殿宇八界用四个,厅堂殿宇递加深。

3. 试述古建筑木构架组装的规范?

答:木结构安装时,应从内四界即四井口开始,边安装边临时固定,同时将柱类构件用线垂吊直,内四界竖好后,即向前、后、左、右发展。斗栱安装应在柱类构件、斗盘枋就位,基本固定且垂直水平度良好条件下进行。

4. 对文物古建筑修缮的原则是什么？

答：原则是"不改变文物原状"即在建筑风格上仍按原有风格进行，实施中特别要注意法式、特征、规格色泽，以保持文物古建筑原样原貌。

5. 在古建筑中木构架的榫卯如何联结？

答：古建筑凡木构架都以榫卯相互联结，当柱类构件与梁类构件联结一般用两端箍头或一端箍头、一端出榫；柱类构件与桁类构件以顶空榫联结；桁条构件之间摘榫联结，同高度两构件阳角相交用敲交做法联结。

6. 试述发戗过程？

答：歇山或四合舍做法者，转角处与廊桁之上，成45°架老戗，戗的梢交汇于步柱或敲交桁条之鸟雀窝内，老戗前端悬挑出廊桁处，并在其头上开槽联结嫩戗，在老戗两侧排列摔网椽，且以戗山木垫于摔网椽底，使椽面由老戗面过渡到平椽高度，在摔网椽头架立里口木、飞椽，钉封檐板，这过程称之为发戗。

7. 班组工作中有哪些主要内容？

答：（1）施工前：审阅图纸，讨论任务，研究措施，做施工准备。

（2）施工中：认真落实措施，保证工程质量，注意施工安全，降低工料消耗。

（3）竣工后：清理施工现场，核算工料用量，提出改进方法。

8. 何谓提栈？

答：提栈亦称举架，是指每架屋的进深与高度之比，还有房五、堂六、七殿、庭八之说，常规提栈廊界最平，以后逐步增加，使屋面呈一曲线。在《营造法原》中计算单位为"算"。自三算半起到十算不等。

9. 何谓推山？

答：推山就是在四合舍、屋顶木构架制安中，把落翼部位的屋面坡度自廊架以后，逐步把提栈加大，使在平面上看，四条水戗整体非45°直线,而是呈一条匀和的曲线,增加了屋面的美观效果。推山之名出自北方,南方称歇山。

10. 按照技师任职条件,在今后工作中如何发挥你的作用?(个人按实回答)

2.1.2 职业资格鉴定试题

古建筑木工技师综合试卷(A)

一、判断题(每题1分共20分,对的在括号内打"√",错的打"×")

1. 建筑施工图可以分为五大类施工图。　　　　　　(√)
2. ±0.000是标准设计标高表示方法。　　　　　　 (√)
3. 凡按现代结构、材料做法建造的古建筑叫仿古建筑。(√)
4. 置于老角梁上的称老戗。　　　　　　　　　　　(×)
5. 古建筑的承重是依靠墙壁及其木构架的一体性。　(×)
6. 古建筑木构架中相邻两檩中心垂直距离(举高)除以对应梁距,其系数称举架。　　　　　　　　　　　　(√)
7. 古建筑中牌科和斗栱是两种木构件。　　　　　　(×)
8. 面朝南的古建筑东西方向称"宽"(开间)南北方向称"深"(进深)。　　　　　　　　　　　　　　　　(√)
9. 同种木材影响其强度的主要原因是含水率。　　　(×)
10. 材料的硬度是指能抵抗其他较硬物体压入的能力。(√)
11. 施工图预算就是施工预算。　　　　　　　　　　(×)
12. 单位工程:即指土建工程。　　　　　　　　　　(√)
13. 定额直接费是由人工费和材料费组成。　　　　　(×)
14. 建筑结构可分为混凝土、砌体、钢、木等四种结构。(√)
15. 钢筋混凝土结构主要是混凝土,钢筋任意都可以。(×)
16. 框架结构的层数在非地震区可建15~20层。　　　(√)

17. 脆性材料抗压强度与抗拉强度均较高。　　　　　(×)
18. 图幅一共有五种尺寸。　　　　　　　　　　　　(√)
19. 粗实线线宽用"b"代表。　　　　　　　　　　　(√)
20. 平面、立面、剖面图的选用比例无什么规定。　　(×)

二、选择题（每题1分共20分，正确答案填在横线上）
1. 组成针叶树的细胞和组织是　A　。
   A. 管胞、木射线　　　　　B. 木纤维导管
   C. 木质素导管　　　　　　D. 导管木纤维
2. 筒瓦用于　C　。
   A. 屋面建筑　B. 厅堂建筑　C. 殿类建筑　D. 琉璃屋面
3. 大殿屋顶为歇山做法时，其一端挑出长度为该开间的　A　。
   A. 1/4　　　B. 1/5　　　C. 1/6　　　D. 1/7
4. 直径最小的年轮部位叫　B　。
   A. 木心　　　B. 髓心　　　C. 轮心　　　D. 年心
5. 直径300mm以内木柱制作中，长度方向加工余量为　C　mm。
   A. 20　　　B. 40　　　C. 50　　　D. 60
6. 厅之正间相对，式样相似者称　C　。
   A. 鸳鸯厅　　B. 茶厅　　C. 对照厅　　D. 大厅
7. 古建筑木构架中，最外围的柱子，承受屋檐荷载，叫　D　。
   A. 雷公柱　　B. 金柱　　C. 瓜柱　　D. 檐柱
8. 古建筑中，联络建筑物，分隔院子，用以通行的建筑叫　A　。
   A. 廊　　　B. 榭　　　C. 亭　　　D. 台
9. 每座建筑物的檐口（桁条底），标高允许偏差为　A　。
   A. ±5　　　B. ±6　　　C. ±20　　　D. ±8
10. 斗栱制安中，昂、栱、云斗水平度，斗口在70mm以上者，允许偏差为　C　。
    A. 5　　　B. 6　　　C. 7　　　D. 8
11. A3图幅的长、宽尺寸为　C　。

A. 594mm×841mm B. 594mm×420mm
C. 420mm×297mm D. 210mm×297mm

12. 中实线线宽是__A__。
 A. 0.5b B. 0.25b C. 0.3b D. 0.55b
13. 折断线线宽是__B__。
 A. 0.5b B. 0.25b C. 0.3b D. 0.55b
14. 对有防震要求的砖砌体结构房屋，其砖砌体的砂浆强度等级不低于__B__。
 A. M2 B. M5 C. M3 D. M4
15. 为提高梁的抗剪能力，在梁内可增设__B__。
 A. 纵筋 B. 箍筋 C. 腰筋 D. 架列筋
16. 钢筋砖过梁内的钢筋，在支座内的锚固长度不小于__C__。
 A. 420mm B. 370mm C. 240mm D. 200mm
17. 硅酸盐水泥强度等级有__B__个。
 A. 4 B. 6 C. 7 D. 8
18. 挖土起点标高以__B__为起点。
 A. 室内地坪标高 B. 设计室外标高
 C. +0.00 标高 D. -0.00 标高
19. 平整场地工程是按建筑物底面积的外边线，每边各加__B__计算。
 A. 3m B. 2m C. 4m D. 2.5m
20. 工程直接费由__A__组成。
 A. 定额直接费、其他直接费、现场经费
 B. 人工费、材料费、机械费
 C. 季节施工增加费、夜间施工增加费
 D. 多次搬运费、节日加班费、其他费

三、看图答题（每题15分共30分）

图为古建六角亭平面图，由木工按老嫩戗、戗伞木及支舍、桁平面图填写各构件名称。

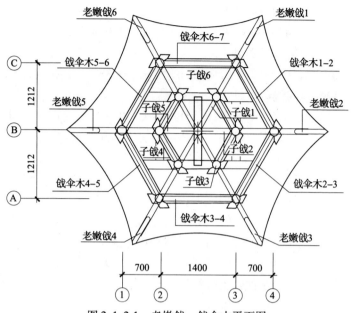

图 2.1.2-1　老嫩戗、戗伞木平面图

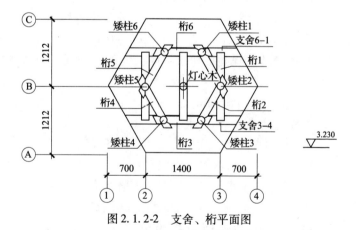

图 2.1.2-2　支舍、桁平面图

四、计算题（每题 10 分共 20 分）

1. 已知回顶三界总进深 3m，计算回顶桁距多少？平椽行距多少？（精确到厘米）

【解】：回顶桁距：300×0.3＝90cm

平椽桁距：（300－90）÷2＝105cm

答：回顶桁距90cm，平椽桁距105cm。

2. 有一仿古建筑，桁条为圆形截面，提栈五算，界深1.1m，进深共5界，正间面宽3.1m，两边间面宽2.85m，椽花尺寸按常规，问需用椽子、头定、花界、出檐椽各多少？出檐椽长度为界1/2，出檐椽净长多少？（精确至cm）

【解】：边间：285÷22≈13 档

正间：310÷22≈14 档

每篓：13×2＋14＋1＝41 根

41×5＝205 根（椽子）

其中：头定为：41×2＝82 根

花界为：41×1＝41 根

出檐椽：41×2＝82 根

出檐椽长：110×1.5×1.118＝184cm

答：椽子205根，头定82根，花界41根，出檐椽82根，出檐椽长184cm。

五、简答题（每题8分，共40分）

1. 试述"墙倒屋不塌"的道理？

答：墙倒屋不塌，说明中国古建筑的木构架负重，墙体仅起避风雨的功能。按木构架的受力作用，可分为下列几部分：柱类构件（受压构件），梁类构件（受弯构件），大式做法中的牌科（斗栱）有着传递屋面荷载及装饰作用的构件。有着这些构件相互联结，即使墙壁四面都倒塌，其屋架仍可立在地基之上。

2. 提栈歌诀是什么？

答：是古代工匠总结的建筑房屋、厅堂、殿宇时，其屋架提栈之经验，其诀是：民房六界用两个，七界提栈用三个，依照界深即是算，厅堂圆堂用前轩，殿宇八界用四个，厅堂殿宇递加深。

3. 试述古建筑木构架组装的规范？

答：木结构安装时，应从内四界即四井口开始，边安装边临时固定,同时将柱类构件用线坠吊直,内四界竖好后,即向前、后、左、右发展。斗栱安装应在柱类构件、斗盘枋就位,基本固定且垂直水平度良好条件下进行。

4. 对文物古建筑修缮的原则是什么?

答:原则是"不改变文物原状"即在建筑风格上仍按原有风格进行,实施中特别要注意法式、特征、规格、色泽,以保持文物古建筑原样原貌。

5. 在古建筑中木构架的榫卯如何联结?

答:古建筑凡木构架都以榫卯相互联结,当柱类构件与梁类构件联结一般用两端箍头或一端箍头、一端出榫;柱类构件与桁类构件以顶空榫联结;桁条构件之间摘榫联结,同高度两构件阳角相交用敲交做法联结。

2.1.3 职业资格鉴定试题

古建筑木工技师综合试卷(B)

一、判断题(每题 1 分共 20 分,对的在括号内打"√",错的打"×")

1. 只要有建筑总平面图就可以进行施工。 (×)
2. -0.450 是比标准标高低 0.45m。 (√)
3. 为使屋面斜坡成曲线面按一定比例确定的方法叫提栈。 (√)
4. 柱头上用以固定梁或梁头的榫叫管脚榫。 (×)
5. 格扇根据抹头的数量来命名,有一抹、二抹……七抹。 (×)
6. 古建筑中凡带斗栱的称大式建筑,不带者称小式建筑。 (√)
7. 南方牌科分"五七"、"四六"式,均以发明年份命名。 (×)
8. 古建筑中木构架上相邻两檩的中心水平距离称步架。 (√)

9. 厅堂以四界构造用料不同定称呼扁者称厅,圆者称堂。
（✓）
10. 施工方法即施工方案。（✓）
11. 施工定额是施工企业为了组织生产,在内部使用的一种定额。（✓）
12. 工程量计算是编制施工图预算的重要环节。（✓）
13. 单层建筑物内带有部分楼层者,部分楼层不计算面积。
（×）
14. 普通钢筋混凝土的自重为 $25kN/m^3$。（✓）
15. 住宅建筑中,一般情况阳台活荷载取值比住宅楼面大。
（✓）
16. 现浇悬挑梁其截面高度一般为其跨度的1/4。（✓）
17. 影响梁抗剪力的因素中配筋率最大。（✓）
18. 绘图时如需要尺寸加大,图纸的长短边都可加大。（×）
19. 细实线线宽是0.5b。（×）
20. 配件及构造详图规定比例中最大可以到1:200。（✓）

二、选择题（每题1分共20分,正确答案填在横线上）

1. 木材的干缩率为__B__。
    A. 纵向最大,径向居中,弦向最小
    B. 弦向最大,径向居中,纵向最小
    C. 径向最小,纵向居中,弦向最小
    D. 纵向最小,弦向居中,径向最大

2. 木材平衡含水率是指__B__。
    A. 含水率达到饱和状态
    B. 含水率与空气温度一致
    C. 经处理含水率为零
    D. 经自然调节含水率大小相同

3. 一般弯椽曲势为__D__（椽长的）。
    A. 2/10   B. 3/10   C. 1/12   D. 1/10

4. 安椽头是位于__A__木构件。

A. 头定椽梢　　　　　B. 出檐椽
C. 花界交接处　　　　D. 花界与头定处

5. 直径300以内的木桁条制作中，直径方向加工余量为__A__mm。
  A. 5~20　　B. 5~25　　C. 5~30　　D. 5~35

6. 厅较深脊柱前后，地盘布置对称，唯用料有别，梁一面用扁作，另一面用圆料，称__B__。
  A. 花篮厅　　B. 鸳鸯厅　　C. 女厅　　D. 茶厅

7. 古建筑木构架中，位于矩形回坡顶的山与檐面交角处最下架的梁叫__C__。
  A. 顺梁　　B. 趴梁　　C. 角梁　　D. 抱头梁

8. 修缮工程中，将拔榫移位的构件复归原位叫__A__。
  A. 归安　　B. 拆安　　C. 打牮拨正　　D. 墩接

9. 古建筑进深允许偏差为__B__mm。
  A. ±10　　B. ±15　　C. ±20　　D. ±25

10. 古建筑制安中，检查榫卯间隙用__A__。
  A. 楔形塞尺　　B. 塞尺　　C. 样板　　D. 普通尺

11. 工程预算造价正确与否，主要是看__A__。
  A. 分项工程工程量的数量、预算定额基价。
  B. 没有漏项，取费正确。
  C. 分项工程量多少，材料差价计算。
  D. 人工费的正确，材料差价正确。

12. 砌墙脚手架高__B__m以内按里架子计算。
  A. 3.2　　B. 3.6　　C. 3.8　　D. 4.0

13. 砌砖墙、外墙长度，按外墙__B__长度计算。
  A. 轴线　　B. 中心线　　C. 外边线　　D. 里边线

14. 钢筋半圆弯钩增加的长度，按钢筋直径的__B__计算。
  A. 6　　B. 6.25　　C. 7.2　　D. 8

15. 砖基础砌筑砂浆采用__A__。
  A. 水泥砂浆　　　　B. 石灰砂浆

C．混合砂浆　　　　　D．黏土砂浆

16．在建筑结构中，所设置的变形缝需贯通整个结构的是__B__。

　　A．伸缩缝　　B．沉降缝　　C．抗震缝　　D．温度缝

17．木构架在制作时，按照规定应作__A__的起拱。

　　A．1/200　　B．1/300　　C．1/400　　D．1/500

18．下列材料中哪种为憎水材料__C__。

　　A．混凝土　　B．木材　　C．沥青　　D．砖

19．以下材料中__D__为韧性材料。

　　A．砖　　B．石材　　C．混凝土　　D．木材

20．石膏属于建筑材料的__C__材料。

　　A．天然　　B．浇土　　C．胶凝　　D．有机

三、看图答题（每题15分共30分）

图2.1.3-1、图2.1.3-2为古建六角亭平面图，由木工按老嫩戗、戗伞木及支舍、桁平面图填写各构件名称。

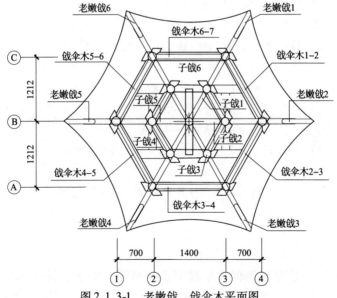

图2.1.3-1　老嫩戗、戗伞木平面图

55

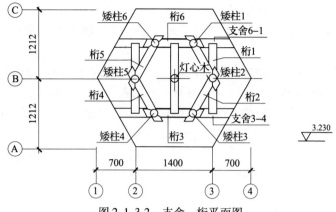

图 2.1.3-2 支舍、桁平面图

四、计算题（每题 10 分共 20 分）

1. 已知某双坡木基层面工程量为 618m²，其中檐口方向长度为 30.9m，采用规格为 800mm×36mm×8mm 的 100 根灰板条，1200mm×25mm×25mm 的 50 根挂瓦条，若增加 2% 的损耗，则需要多少捆的灰板条和挂瓦条？

【解】：（1）山墙半坡长：$618 \div 30.9 \div 2 = 10$m

（2）挂瓦条：行数$(10 - 0.28) \div 0.32 \times 2$

$= 30.38 \times 2 \rightarrow (31 + 2) \times 2 = 66$

数量：$30.9 \div 1.2 \times 66 \times 1.02 \div 50$

$= 1733 \div 50$

$= 34.7 \rightarrow 35$ 捆

（3）灰板条：行数：$30.9 \div 0.4 = 77.25 \rightarrow 78 + 1$

$79 \times 2 = 158$

数量：$10 \div 0.8 \times 79 \times 1.02 \times 2 \div 100$

$= 2014.5 \div 100$

$= 20$ 捆

答：挂瓦条 35 捆，灰板条 20 捆。

2. 某古建筑工程质量检测详审情况：保证项目全部合格，基本项目检查 16 项，其中合格 6 项，优良 10 项，允许偏差项目实测26个点,其中合格20个点,6个点不合格,按以上数据计算有关合格率,优良率,并确定该建筑质量等级?

【解】:保证项目:合格率100%

基本项目:合格率 =(6+10)÷16=100%

优良率 = 10÷16 = 62.5%

允许偏差项目:合格率 = 20÷26 = 77%

答:合格率为100%,优良率为62.5%,该建筑可为优良等级。

五、简答题(每题8分共40分)

1. 试述发戗过程?

答:歇山或四合舍做法者,转角处与廊桁之上,成45°架老戗,戗的梢交汇于步柱或敲交桁条之鸟雀窝内,老戗前端悬挑出廊桁处,并在其头上开槽联结嫩戗,在老戗两侧排列摔网椽,且以戗山木垫于摔网椽底,使椽面由老戗面过渡到平椽高度,在摔网椽头架立里口木、飞椽,钉封檐板,这过程称之为发戗。

2. 班组工作中有哪些主要内容?

答:(1)施工前:审阅图纸、讨论任务、研究措施、做施工准备。

(2)施工中:认真落实措施、保证工程质量、注意施工安全、降低工料消耗。

(3)竣工后:清理施工现场、核算工料用量、提出改进方法。

3. 何谓提栈?

答:提栈亦称举架,是指每架屋的进深与高度之比,还有房五、堂六、七殿、庭八之说,常规提栈廊界最平,以后逐步增加,使屋面呈一曲线。在《营造法原》中计算单位为"算"。自三算半起到十算不等。

4. 何谓推山?

答:推山就是在四合舍屋顶木构架制安中,把落翼部位的屋面坡度自廊架以后,逐步把提栈加大,使在平面上看,四条水戗整体非45°直线，而是呈一条匀和的曲线，增加了屋面的美观效果。推山之名出自北方，南方称歇山。

5. 按照技师任职条件，在今后工作中如何发挥你的作用？（各个人按实回答）

2.1.4 职业资格鉴定试题

古建筑木工技师综合试卷（C）

一、判断题（每题1分共20分，对的在括号内打"√"，错的打"×"）

1. 建筑施工图可以分为五大类施工图。（√）
2. ±0.000是标准设计标高表示方法。（√）
3. 凡按现代结构、材料作法建造的古建筑叫仿古建筑。（√）
4. 置于老角梁上的称老戗。（×）
5. 古建筑的承重是依靠墙壁及其木构架的一体性。（×）
6. 古建筑中凡带斗栱的称大式建筑，不带者称小式建筑。（√）
7. 南方牌科分"五七"、"四六"式，均以发明年份命名。（×）
8. 古建筑中木构架上相邻两檩的中心水平距离称步架。（√）
9. 厅堂以四界构造用料不同定称呼扁者称厅，圆者称堂。（√）
10. 施工方法即施工方案。（√）
11. 平面、立面、剖面图的选用比例无什么规定。（×）
12. 图幅一共有5种尺寸。（√）
13. 框架结构的层数在非地震区可建15~20层。（√）
14. 建筑结构可分为混凝土、砌体、钢、木等四种结构。（√）

15. 单位工种：即指土建工程。 （✓）
16. 细实线线宽是0.5b。 （×）
17. 影响梁抗剪力的因素中配筋率最大。 （×）
18. 现浇悬挑梁其截面高度一般为其跨度的1/4。 （×）
19. 单层建筑物内带有部分楼层者，部分楼层不计算面积。
 （×）
20. 工程量计算是编制施工图预算的重要环节。 （✓）

二、选择题：（每题1分共20分，正确答案填在横线上）
1. 组成针叶树的细胞和组织是__A__。
   A. 管胞、木射线　　　　B. 木纤维导管
   C. 木质素导管　　　　　D. 导管木纤维
2. 筒瓦用于__C__。
   A. 屋面建筑　B. 厅堂建筑　C. 殿类建筑　D. 琉璃屋面
3. 大殿屋顶为歇山做法时，其一端挑出长度为该开间的__A__。
   A. 1/4　　　B. 1/5　　　C. 1/6　　　D. 1/7
4. 直径最小的年轮部位叫__B__。
   A. 木心　　B. 髓心　　C. 轮心　　D. 年心
5. 直径300以内木柱制作中，长度方向加工余量为__C__mm。
   A. 20　　　B. 40　　　C. 50　　　D. 60
6. 厅较深脊柱前后，地盘布置对称，唯用料有别梁一面用扁作，一面用圆料，称__B__。
   A. 花篮厅　B. 鸳鸯厅　C. 女厅　　D. 茶厅
7. 古建筑木构架中，位于矩形回坡顶的山与檐面交角处最下架的梁叫__C__。
   A. 顺梁　　B. 趴梁　　C. 角梁　　D. 抱头梁
8. 修缮工程中，将拔榫移位的构件复归原位叫__A__。
   A. 归安　　B. 拆安　　C. 打牮拨正　D. 墩接
9. 古建筑进深允许偏差为__B__mm。
   A. ±10　　B. ±15　　C. ±20　　D. ±25

59

10. 古建筑制安中，检查榫卯间隙用__A__。
    A. 楔形塞尺 B. 塞尺 C. 样板 D. 普通尺
11. 砌墙脚手架高__B__m 以内按里架子计算。
    A. 3.2 B. 3.6 C. 3.8 D. 4.0
12. 钢筋半圆弯钩增加的长度，按钢筋直径的__B__计算。
    A. 6 B. 6.25 C. 7.2 D. 8
13. 砖基础砌筑砂浆采用__A__。
    A. 水泥砂浆 B. 石灰砂浆
    C. 混合砂浆 D. 黏土砂浆
14. 木构架在制作时，按照规定应做__A__的起拱。
    A. 1/200 B. 1/300 C. 1/400 D. 1/500
15. 以下材料中__D__为韧性材料。
    A. 砖 B. 石材 C. 混凝土 D. 木材
16. A3 图幅的长、宽尺寸为__C__。
    A. 594mm×841mm B. 594mm×420mm
    C. 420mm×297mm D. 210mm×297mm
17. 中实线线宽是__A__。
    A. 0.5b B. 0.25b C. 0.3b D. 0.55b
18. 钢筋砖过梁内的钢筋，在支座内的锚固长度不小于__C__。
    A. 420mm B. 370mm C. 240mm D. 200mm
19. 挖土起点标高以__B__为起点。
    A. 室内地坪标高 B. 设计室外标高
    C. +0.00 标高 D. -0.00 标高
20. 平整场地工程是按建筑物底面积的外边线，每边各加__B__计算。
    A. 3m B. 2m C. 4m D. 2.5m

三、看图答题（每题 15 分共 30 分）

图 2.1.4-1、图 2.1.4-2 为古建六角亭平面图，由木工按老嫩戗、戗伞木及支舍、桁平面图填写各构件名称。

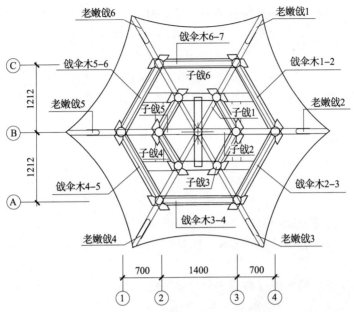

图 2.1.4-1 老嫩戗、戗伞木平面图

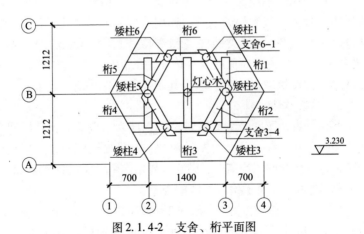

图 2.1.4-2 支舍、桁平面图

四、计算题：(每题 10 共 20 分)

1. 已知回顶三界总进深 3m，计算回顶桁距多少？平椽行距多少？(精确到厘米)

【解】：回顶桁距：300×0.3＝90cm

平椽桁距：(300－90)÷2＝105cm

答：回顶桁距90cm，平椽桁距105cm。

2. 某古建筑工程质量检测详审情况：保证项目全部合格，基本项目检查16项，其中合格6项，优良10项，允许偏差项目实测26个点，其中合格20个点，6个点不合格，按以上数据计算有关合格率，优良率，并确定该建筑质量等级？

【解】：保证项目：合格率100%

基本项目：合格率＝(6＋10)÷16＝100%

优良率＝10÷16＝62.5%

允许偏差项目：合格率＝20÷26＝77%

答：合格率为100%，优良率为62.5%，该建筑可为优良等级。

五、简答题（每题8分共40分）

1. 试述"墙倒屋不塌"的道理？

答：墙倒屋不塌，说明中国古建筑的木构架负重，墙体仅起避风雨的功能。按木构架的受力作用，可分为下列几部分：柱类构件（受压构件），梁类构件（受弯构件），大式做法中的牌科（斗栱）有着传递屋面荷载及装饰作用的构件。有着这些构件相互联结，即使墙壁四面都倒塌，其屋架仍可立在地基之上。

2. 提栈歌诀是什么？

答：是古代工匠总结的建筑房屋、厅堂、殿宇时，其屋架提栈之经验，其诀是：民房六界用两个，七界提栈用三个，依照界深即是算，厅堂圆堂用前轩，殿宇八界用四个，厅堂殿宇递加深。

3. 试述古建筑木构架组装的规范？

答：木结构安装时，应从内四界即四井口开始，边安装边临时固定，同时将柱类构件用线垂吊直，内四界竖好后，即向前、后、左、右发展。斗栱安装应在柱类构件、斗盘枋就位，基本固定且垂直水平度良好条件下进行。

4. 班组工作中有哪些主要内容？

答：（1）施工前：审阅图纸、讨论任务、研究措施、做施工准备。

（2）施工中：认真落实措施、保证工程质量、注意施工安全、降低工料消耗。

（3）竣工后：清理施工现场、核算工料用量、提出改进方法。

5. 按技师任职条件，如何在今后工作中发挥你的作用？

（由考生自行结合实际解答）

2.2 古建筑瓦工技师

2.2.1 古建筑瓦工技师复习题

（包括砖细、砖雕、泥塑、砌街工）

一、问答题

1. 中国建筑的个性是什么？

答：代表中国民族的性格。

2. 试述古建筑之主要特征？

答：是以木料为主要构材，构架结构为原则。斗栱为关键，外部轮廓为特异。

3. 试述我国古代之建筑专著是哪一部？

答：宋代李诫的《营造法式》。

4. 雍正十二年颁布之建筑术书是哪一部？

答：《清工部工程做法则例》。

5. 计成是在哪个朝代编著的什么专著？

答：明代编著《园冶》。

6. 中国古建筑分哪两大类？

答：木构架和砖瓦结构是中国古建筑两大类，俗称"墙倒屋不塌"和"无梁殿"。

7. 房屋基础的术语叫什么？

答：叫台基（在自然地坪以下）

8. 台明指什么？

答：指露出自然地坪的部分。

9. 木构架由哪些构件组成？

答：由柱、梁、桁、檩、椽、枋、斗栱等组成。

10. 柱的功能是什么？

答：是承受整个屋盖的荷载。

11. "瓦作"在古时作哪些项目？

答：砌筑墙体，屋盖苫背、盖瓦等。

12. 承重黏土空心砖 KM1 其空心率达多少？

答：达 15% 以上。

13. 古建筑屋面的特有工艺有哪些？

答：瓦、筑脊、戗角（发戗）是古建筑屋面的特有工艺。

14. 轴线和墙中心线有什么不同？

答：轴线指整个建筑物在平面图上的中心线，墙中心线只指墙壁中心。

15. 砖墙组砌的功用是什么？

答：美观和满足传递荷载的需要。

16. 墙体中砖缝搭接不得小于多少砖长？

答：1/4 砖长。

17. 在砌筑中为什么干砖不能上墙？

答：干砖不易和灰沙，水泥粘结。

18. 如何向屋面上瓦？

答：前后两坡同时、同方向上瓦。

19. 试述女儿墙设置圈梁的作用？

答：阻止在屋顶处发生垂直裂缝。

20. 空心砖使用在什么地方？为什么地面以下不能用？

答：空心砖只使用地面以上的墙体。地基不能用空心砖。因其受力不够。

21．台基如何与建筑相配？

答：台基按照建筑物的大小，及结构来设计，应能承受整个建筑物的重量。

22．水泥、石灰各属什么材料？

答：水泥是水硬性材料，石灰是气硬性材料。

23．建筑施工的总体程序一经确定，允不允许穿插进行？

答：在建筑工序之间，允许互相配合，互相穿插进行施工。

24．椽子承受什么荷载？

答：承受望板和望砖和上面屋瓦的荷载。

25．古建筑内装饰包括哪些内容？

答：古建筑内部的装修，包括木工、瓦工、油漆工的工作内容。

26．古建筑装修包括哪些内容？

答：包括木门、木窗及各种木装修统称装修。

27．如何审核图纸？

答：程序是：基础→墙身→屋面→构造→细部逐一审核。

28．建筑工程施工总体程序原则是什么？

答："先地下、后地上、先主体、后装饰、先土建、后安装"。

29．工程特点应包括哪些内容？

答：结构形成、建筑面结、建筑层高、层数、全长、全高、宽度、工程造价。

30．技师应向谁传授技艺？

答：应向高级、中级、初级工人传授技术。

31．瓦工技术应熟练掌握哪些瓦工技术？

答：筑脊、吻头、发戗、铺地、砖细、泥塑、砌花街等技术。

32．台基砌作有何要求？

答：它必须有足够的承受力来保持建筑物稳固平稳，必须按设计图纸施工。

33．房屋圈梁的作用？

答：提高房屋空间刚度，增加建筑物整体性，防止不均匀沉降，温差裂缝，提高抗拉、抗剪、抗震强度。

34. 我国宫殿、佛寺最早出现在哪个朝代？
答：出现在魏晋南北朝。
35. 《工程做法则例》出在公元哪一年？
答：公元 1734 年。
36. 《营造法式》初刊在哪朝哪年？
答：宋朝、崇宁二年。
37. 欧式建筑曾风靡中国是在哪年？
答：1912 年。
38. 明代民居采用什么结构？
答：木构架。
39. 标高用符号，数字如何表示？（试列出）
答：标高▼75.50。
40. 绝对标高在图纸上如何表示？（试列出）
答：±0.000 = ▼50.00。
41. 建筑标高在图纸上如何表示？
答：▽3.000。
42. 3 市尺为 1m，则 1m 为多少鲁班尺？
答：1m = 3.636 鲁班尺。
43. 混凝土强度等级有多少级？
答：有 12 个等级。
44. 砂浆强度有多少等级？
答：有 7 个等级。
45. 烧结砖强度有多少等级？
答：有 6 个等级。
46. 砖混结构的基础是什么？
答：为条形基础。
47. 磉墩拦土的水平高度允许偏差多少？
答：±10mm。
48. 台明出檐柱的宽度，小式瓦作时为上部出檐多少？
答：4/5。

49. 清代建筑中，二城墙砖，按现在尺寸是多少？

答：45.4cm×22.1cm×10.1cm。

50. 台阶用在什么地方？

答：室外地坪走向台明的高低落差需要台阶。

51. 什么情况下，挂平瓦时，所有瓦均用钢丝固定？

答：屋面坡度大于30°时。

52. 台基标高不一致，上面柱墩、基墙不在同一水平，其原因在哪里？

答：对垫层复核不准。

53. 古建筑檐墙宽度为内檐柱直径的多少？

答：1.5倍。

54. 空斗墙的壁柱和洞口的两侧要在多少范围内砌成实心墙体？

答：24cm内。

55. 哪些清水墙面组砌后，可达到优良标准。

答：组合正确、竖缝通顺、刮缝适宜、棱角整齐、墙面洁美。

56. 空斗墙的纵横墙交接处，其实砌宽度距离中心线每边不小于多少？

答：370mm。

57. 厚为120的厚墙，大梁跨度6m，则在大梁支撑处应加设什么？

答：加设壁柱。

58. 礤墩拦土的轴线偏差应是多少？

答：±20mm。

59. 清水墙勾缝应向里凹多少？

答：3mm。

60. 砖细工程各种线脚拼缝，允许偏差多少毫米？

答：1mm。

61. 做细方砖，丝缝墙砖料加工，其砖面平整度不超过多少毫米？

67

答：0.5mm。

62. 砖砌体轴线位移不超过多少毫米?

答：10mm。

63. 清水墙表面平整度，不超过多少毫米?

答：5mm。

64. 在建筑物的"临边""洞口"应设置什么?

答：加设防护栏杆。

65. 出檐顺直度细作不超过多少毫米?

答：3mm。

66. 砖墁地面每块对角线允差多少毫米?

答：1mm。

二、看图答题（每题15分共30分）

图2.2.1-1、图2.2.1-2，瓦工按侧塘、锁口平面图填写各部名称

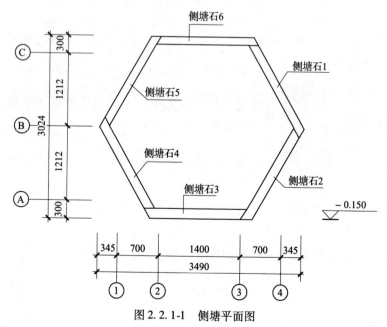

图2.2.1-1 侧塘平面图

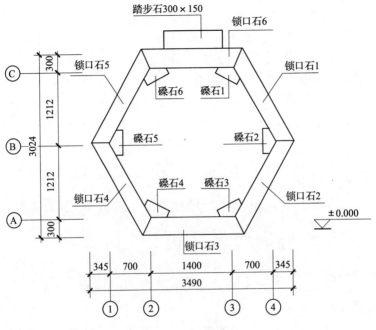

图 2.2.1-2 锁口平面图

三、计算题（每题 10 分，共 20 分）

1. 屋面坡度计算。（如图 2.2.1-3，保留两位小数）

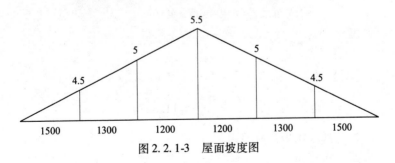

图 2.2.1-3 屋面坡度图

【解】：由图可知（$\sqrt{1.5^2+0.675^2} \div 1.5 + \sqrt{1.3^2+0.65^2} \div 1.3 + \sqrt{1.2^2+0.66^2} \div 1.2$）$\div 3 = (1.097+1.118+1.140) \div 3 =$

$3.356 \div 3 = 1.119 \approx 1.12$

答:坡度系数 1.12。

2. 外墙槽底宽 1200mm,内墙槽底宽 1000mm,内外墙槽底标高为 -1.8m,三类土,室外标高 -0.3m,求地槽挖土多少立方米?(如图 2.2.1-4)

图 2.2.1-4 地槽挖土

【解】 $(7.40 \times 2 + 4.20 \times 2) \times (1.80 - 0.30) \times 1.20 + (4.20 - 1.20) \times (1.80 - 0.30) \times 1.0 = 23 \times 1.5 \times 1.2 + 3 \times 1.5 \times 1 = 41.76 + 4.5 = 46.26 m^3$

答:地槽挖土为 $46.26 m^3$。

3. 用 325 号水泥、中砂配制 M10 的水泥砂浆,试计算配合比。

已知:$K = 0.989$,中砂密度按 $1460 kg/m^3$ 计算,

【解】计算水泥用量:$Q_c = \dfrac{R'_p}{KPc} \times 1000 = \dfrac{100}{0.989 \times 325} \times 1000 = 311 kg$

砂的用量按每立方米砂浆用 $1m^3$ 干砂子;每立方米水泥砂浆各种材料的用量为:

水泥:砂子 $= 311:1460 = 1:4.7$

答:配合比水泥:砂子 $= 1:4.7$。

4. 一砖柱截面尺寸为 $490mm \times 490mm$,高度为 3m,试计算其高度比。

已知 $u_3 = 1.85$

【解】砖柱计算高度为:$H_0 = u_3 H = 1.85 \times 3 = 5.55 m$

砖柱高厚比为:$\beta = \dfrac{H_0}{h} = \dfrac{5.55}{0.49} = 11.327$

答:高厚比为:11.327。

四、简答题

1. 空斗墙有哪些砌法?

答:单顶一斗一卧,单顶三斗一卧,单顶二斗一卧,双顶

全卧。

2. 20cm×20cm 大瓦用在何处？

答：用于底瓦和大殿盖瓦。

3. 写出混水软硬景漏窗的制作程序？

答：（1）在夹板上放实样，先弹米字线以中心线向四周放线，四角均对称。

（2）预制边框。

（3）剪铅丝网按实样钉铅丝网，成形。

（4）用水泥、纸筋、中砂拌制砂浆，刮糙形成图案。

（5）用掺入少量白水泥的纸筋作光面压光。

（6）安装刷水。

4. 石窟、砖石佛塔出源于我国哪个历史时期？哪个时期欧式建筑在我国大盛？

答：出源于我国历史上隋唐时期，在民国时期欧式建筑在我国大盛。

5. 简述我国古代建筑特点？

答：（1）结构上以木构架为主体；

（2）在建筑平面布置和组群格局上有一定规律性；

（3）艺术形象突出；

（4）形成一套成熟的古建筑经验。

6. 古建筑屋顶有哪几种形式？

答：有四种形式：庑殿式、硬山式、悬山式、歇山式。

7. 砖细是什么？

答：就是将砖（主要是方砖）经过刨、锯、磨的精细加工后，用它做墙面、门口、勒脚等处装饰。

8. 古建筑房屋有哪些部分组成？

答：由台基、木构件、屋盖、装修、彩色五大部分组成。

9. 古建筑中墙体的组砌形式有几种？

答：一般有三种（1）满顶、满条十字缝砌法；（2）一顺一丁砌法；（3）三顺一丁砌法。

10. 按照技师条件，如何在今后工作中发挥你的作用？（各人按实际回答）

2.2.2 职业资格鉴定试题

古建筑瓦工技师综合试卷（A）

一、判断题（每题1分共20分，对的在刮号内打"√"错的打"×"）

1. 中国建筑的个性代表中国民族的性格。　（√）
2. 石建筑、石棚、石殿在我国原始社会已经出现。　（√）
3. "墙倒屋不塌"和"无梁殿"都是喻为中国古建筑两大类。　（√）
4. 台明是指露出自然地坪的部分。　（√）
5. 古建筑砌作墙体、屋盖上苫背和盖瓦，古时称为"瓦作"。　（√）
6. 轴线和墙体中心线是同一个概念。　（×）
7. 在砌作中干砖同样可以上墙。　（×）
8. 地面以下的砌体同样可以用空心砖。　（×）
9. 建筑施工的总体程序一经确定，就应按序进行，不得穿插。　（×）
10. 台基就是现代建筑中的台阶。　（×）
11. 施工图预算就是施工预算。　（×）
12. 单位工程：即指土建工程。　（√）
13. 定额直接费是由人工费和材料费组成。　（×）
14. 建筑结构可分为混凝土、砌体、钢、木等四种结构。　（√）
15. 钢筋混凝土结构主要是混凝土，钢筋任意都可以。　（×）

16. 框架结构的层数在非地震区可建 15~20 层。　　（ ✓ ）
17. 脆性材料抗压强度与抗拉强度均较高。　　　　（ × ）
18. 图幅一共有五种尺寸。　　　　　　　　　　　（ ✓ ）
19. 粗实线线宽用"b"代表。　　　　　　　　　　（ ✓ ）
20. 平面、立面、剖面图的选用比例无什么规定。　（ × ）

二、选择题（每题 1 分共 20 分，将正确答案填在横线上）

1. 能提高房屋的空间刚度，提高砌体抗剪、抗拉强度及防震的是__B__。
　　A. 构造柱　　B. 圈梁　　C. 支撑系统　　D. 梁垫

2. 《营造法式》是在__C__年初刊。
　　A. 咸宁六年　B. 嘉庆四年　C. 崇宁二年　D. 道光三年

3. ▼75.50 表示__B__。
　　A. 绝对标高　B. 标高　　C. 建筑标高　　D. 设计标高

4. 1m 为__D__鲁班尺。
　　A. 3.106　　B. 3.502　　C. 3.419　　D. 3.636

5. 烧结砖强度有__D__个等级。
　　A. 9　　　　B. 8　　　　C. 7　　　　D. 6

6. 台明出檐柱的宽度，小式瓦作为上部出檐的__C__。
　　A. $\frac{1}{2}$　　B. $\frac{3}{4}$　　C. $\frac{4}{5}$　　D. $2\frac{2}{3}$

7. 挂平瓦时，屋面坡度大于__B__时，所有瓦都要用钢丝固定。
　　A. 15°　　　B. 30°　　　C. 45°　　　D. 60°

8. 空斗墙的壁柱和洞口两侧__B__范围内要砌成实心墙。
　　A. 18cm　　B. 24cm　　C. 36cm　　D. 48cm

9. 厚度为 120mm 的砖墙，大梁跨度为 6m，在大梁支撑处应加设__D__。
　　A. 圈梁　　B. 支撑系统　　C. 构造柱　　D. 壁柱

10. 清水墙表面平整度不超过__D__mm。
　　A. 8　　　　B. 7　　　　C. 6　　　　D. 5

11. A3 图幅的长、宽尺寸为__C__。

  A．594mm×841mm   B．594mm×420mm
  C．420mm×297mm   D．210mm×297mm

12．中实线线宽是__A__。
  A．0.5b   B．0.25b   C．0.3b   D．0.55b

13．折断线线宽是__B__。
  A．0.5b   B．0.25b   C．0.3b   D．0.55b

14．对有防震要求的砖砌体结构房屋，其砖砌体的砂浆强度等级不低于__B__。
  A．M2   B．M5   C．M3   D．M4

15．为提高梁的抗剪能力，在梁内可增设__B__。
  A．纵筋   B．箍筋   C．腰筋   D．架列筋

16．钢筋砖过梁内的钢筋，在支座内的锚固长度不小于__C__。
  A．420mm   B．370mm   C．240mm   D．200mm

17．硅酸盐水泥强度等级有__B__个。
  A．4   B．6   C．7   D．8

18．挖土起点标高以__B__为起点。
  A．室内地坪标高   B．设计室外标高
  C．+0.00标高   D．-0.00标高

19．平整场地工程是按建筑物底面积的外边线，每边各加__B__计算。
  A．3m   B．2m   C．4m   D．2.5m

20．工程直接费由__A__组成。
  A．定额直接费、其他直接费、现场经费
  B．人工费、材料费、机械费
  C．季节施工增加费、夜间施工增加费
  D．多次搬运费、节日加班费、其他费

三、看图答题（每题15分共30分）

如图2.2.2-1，图2.2.2-2瓦工按侧塘、锁口平面图填写各部名称。

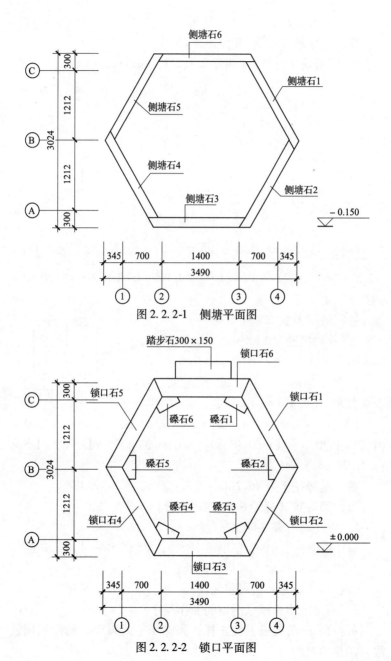

图 2.2.2-1 侧塘平面图

图 2.2.2-2 锁口平面图

四、计算题（每题 10 分，共 20 分）

1. 屋面坡度计算。（如图 2.2.2-3，保留两位小数）

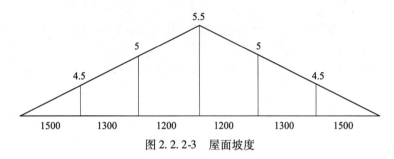

图 2.2.2-3　屋面坡度

【解】：由图可知（$\sqrt{1.5^2+0.675^2} \div 1.5 + \sqrt{1.3^2+0.65^2} \div 1.3 + \sqrt{1.2^2+0.66^2} \div 1.2$）÷3＝（1.097＋1.118＋1.140）÷3＝3.356÷3＝1.119≈1.12

答：坡度系数 1.12。

2. 外墙槽底宽 1200mm，内墙槽底宽 1000mm，内外墙槽底标高为 －1.8m，三类土，室外标高 －0.3m，求地槽挖土多少立方米？（如图）

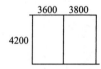

图 2.2.2-4　地槽挖土

【解】：（7.40×2＋4.20×2）×（1.80－0.30）×1.20＋（4.20－1.20）×（1.80－0.30）×1.0＝23×1.5×1.2＋3×1.5×1＝41.76＋4.5＝46.26m³

答：地槽挖土为 46.26m³。

五、简答题（每题 8 分，共 40 分）

1. 空斗墙有哪些砌法？

答：单顶一斗一卧，单顶三斗一卧，单顶二斗一卧，双顶全卧。

2. 20cm×20cm 大瓦用在何处？

答：用于底瓦和大殿盖瓦。

3. 写出混水软硬景漏窗的制作程序？

答：（1）在夹板上放实样，先弹米字线以中心线向四周放线，四角均对称。

(2) 预制边框。
(3) 剪铅丝网按实样钉铅丝网，成形。
(4) 用水泥、纸筋、中砂拌制砂浆，刮糙形成图案。
(5) 用掺入少量白水泥的纸筋作光面压光。
(6) 安装刷水。

4. 石窟、砖石佛塔出源于我国哪个历史时期？哪个时期欧式建筑在我国大盛？

答：出源于我国历史上隋唐时期；在民国时期欧式建筑在我国大盛。

5. 简述我国古代建筑特点？

答：(1) 结构上以木构架为主体；
(2) 在建筑平面布置和组群格局上有一定规律性；
(3) 艺术形象突出；
(4) 形成一套成熟的古建筑经验。

2.2.3 职业资格鉴定试题

古建筑瓦工技师综合试卷（B）

一、判断题（每题1分共20分，对的在刮号内打"√"错的打"×"）

1. 古建筑的主要特征是以木料为主要构材、构架结构为原则，斗栱为关键及外部轮廓之特异为著称。（√）
2. 《营造法式》著于宋代，后经姚承祖修改为《营造法原》。（×）
3. 《营造法式》是宋代在建筑上统一各种做法使其标准化。（√）
4. 木构架由柱、梁、桁、檩、椽、枋、斗栱等组成。（√）
5. 承重黏土空心砖 KM1（190mm×190mm×90mm）其空心率可达15%以上。（√）
6. 砖墙组砌形式一是美观，二是满足传递荷载需要。（√）

7. 向坡屋面上瓦时,要前后两坡同时同方向进行。　(√)
8. 宏伟考究的大型建筑,台基要做得越大越好。　(×)
9. 审核图纸是施工人员的事。　(×)
10. 技师应向初、中、高级技工传授技艺。　(√)
11. 施工定额是施工企业为了组织生产,在内部使用的一种定额。　(√)
12. 工程量计算是编制施工图预算的重要环节。　(√)
13. 单层建筑物内带有部分楼层者,部分楼层不计算面积。
　(×)
14. 普通钢筋混凝土的自重为 $25kN/m^3$。　(√)
15. 住宅建筑中,一般情况阳台活荷载取值比住宅楼面大。
　(√)
16. 现浇悬挑梁其截面高度一般为其跨度的 1/4。　(√)
17. 影响梁抗剪力的因素中配筋率最大。　(√)
18. 绘图时如需要尺寸加大,图纸的长短边都可加大。　(×)
19. 细实线线宽是 0.5b。　(×)
20. 配件及构造详图规定比例中最大可以到 1:200。　(√)

二、选择题（每题 1 分,共 20 分,将正确答案填在横线上）
1. 我国出现宫殿、佛寺是在____C____时期。
　A. 两汉　　　　　　　　B. 隋唐
　C. 魏晋南北朝　　　　　D. 五代、宋、辽、金
2. 中国建筑曾沉滞,欧式建筑曾风靡中国是在__A__年。
　A. 1912　　B. 1903　　C. 1897　　D. 1843
3. ±0.000 = ▼50.00 表示__A__。
　A. 绝对标高　　　　　　B. 标高
　C. 建筑标高　　　　　　D. 设计标高
4. 混凝土的强度等级有___B___个等级。
　A. 8　　　　B. 12　　　C. 10　　　D. 6
5. 砖混结构一般为___B___。
　A. 框架　　　　　　　　B. 条形基础

C. 独立柱基 D. 地梁基础

6. 清代建筑中,二城墙砖现代尺寸是__B__。
   A. 47cm×24cm×12cm
   B. 45.4cm×22.1cm×10.1cm
   C. 45.4cm×22.4cm×10.1cm
   D. 24cm×11.5cm×5.3cm

7. 台基标高不一致,上面的柱墩、基墙不在同一水平上主要原因是__B__。
   A. 基坑深浅不一致 B. 对垫层复核不准
   C. 砂浆和易性不好 D. 砌块尺寸不一致

8. 礓墩拦土的轴线偏差是__C__mm。
   A. ±5 B. ±10 C. ±20 D. ±50

9. 做细方砖要求砖面平整度不超过__B__mm。
   A. 1 B. 0.5 C. 1.5 D. 0.2

10. 对建筑物的"临边"、"洞口"要设置__C__。
    A. 标志 B. 警告牌 C. 护栏 D. 护板

11. 工程预算造价正确与否,主要是看__A__。
    A. 分项工程工程量的数量、预算定额基价。
    B. 没有漏项,取费正确。
    C. 分项工程量多少,材料差价计算。
    D. 人工费的正确,材料差价正确。

12. 砌墙脚手架高__B__m以内按里架子计算。
    A. 3.2 B. 3.6 C. 3.8 D. 4.0

13. 砌砖墙、外墙长度,按外墙__B__长度计算。
    A. 轴线 B. 中心线 C. 外边线 D. 里边线

14. 钢筋半圆弯钩增加的长度,按钢筋直径的__B__计算。
    A. 6 B. 6.25 C. 7.2 D. 8

15. 砖基础砌筑砂浆采用__A__。
    A. 水泥砂浆 B. 石灰砂浆
    C. 混合砂浆 D. 黏土砂浆

16. 在建筑结构中，所设置的变形缝需贯通整个结构的是__B__。
    A. 伸缩缝 B. 沉降缝 C. 抗震缝 D. 温度缝
17. 木构架在制作时，按照规定应做__A__的起拱。
    A. 1/200 B. 1/300 C. 1/400 D. 1/500
18. 下列材料中哪种为憎水材料__C__。
    A. 混凝土 B. 木材 C. 沥青 D. 砖
19. 以下材料中__D__为韧性材料。
    A. 砖 B. 石材 C. 混凝土 D. 木材
20. 石膏属于建筑材料的__C__材料。
    A. 天然 B. 浇土 C. 胶凝 D. 有机

三、看图答题（每题15分共30分）

如图2.2.3-1、图2.2.3-2，瓦工按侧塘、锁口平面图填写各部名称。

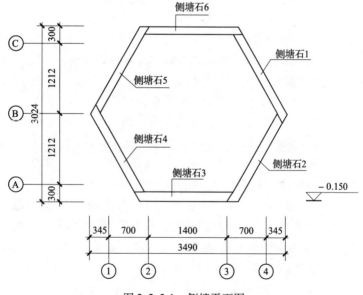

图2.2.3-1 侧塘平面图

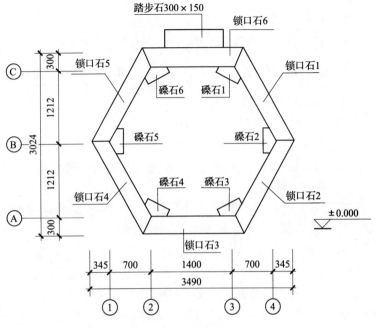

图 2.2.3-2 锁口平面图

四、计算题（每题 10 分，共 20 分）

1. 用 325 号水泥、中砂配制 M10 的水泥砂浆，试计算配合比？

已知：$K=0.989$，中砂密度按 1460kg/m^3 计算，

【解】计算水泥用量：$Q_c = \dfrac{R'_p}{KP_c} \times 1000 = \dfrac{100}{0.989 \times 325} \times 1000 = 311\text{kg}$

砂的用量按每立方米砂浆用 1m^3 干砂子；每立方米水泥砂浆各种材料的用量为：

水泥:砂子 $= 311:1460 = 1:4.7$

答：配合比水泥:砂子 $= 1:4.7$。

2. 一砖柱截面尺寸为 $490\text{mm} \times 490\text{mm}$，高度为 3m，试计算

其高度比。

已知 $u_3 = 1.85$

【解】砖柱计算高度为：$H_0 = u_3 H = 1.85 \times 3 = 5.55 \text{m}$

$$砖柱高厚比为：\beta = \frac{H_0}{h} = \frac{5.55}{0.49} = 11.327$$

答：高厚比为：11.327。

五、简答题（每题 8 分，共 40 分）

1. 古建筑屋顶有哪几种形式？

答：有四种形式：庑殿式、硬山式、悬山式、歇山式。

2. 砖细是什么？

答：就是将砖（主要是方砖）经过刨、锯、磨的精细加工后，用它作墙面、门口、勒脚等处装饰。

3. 古建筑房屋由哪些部分组成？

答：由台基、木构件、屋盖、装修、彩色五大部分组成。

4. 古建筑中墙体的组砌形式有哪几种？

答：一般有三种：（1）满顶、满条十字缝砌法；（2）一顺一丁砌法；（3）三顺一丁砌法。

5. 按照技师条件，如何在今后工作中发挥你的作用？（各人按实际回答）

2.2.4 职业资格鉴定试题

古建筑瓦工技师综合试卷（C）

一、判断题（每题 1 分共 20 分，对的在刮号内打"√"错的打"×"）

1. 技师应向初、中、高级技工传授技艺。　　　　　　（√）
2. 宏伟考究的大型建筑，台基要做得越大越好。　　　（×）
3. 砖墙组砌形式一是美观，二是满足传递荷载需要。（√）

4. 木构架由柱、梁、桁、檩、椽、枋、斗拱等组成。（ √ ）
5. 《营造法式》著于宋代，后经姚承祖修改为《营造法原》。（ × ）
6. 中国建筑的个性代表中国民族的性格。（ √ ）
7. "墙倒屋不塌"和"无梁殿"都是喻为中国古建筑两大类。（ √ ）
8. 轴线和墙体中心线是同一个概念。（ × ）
9. 在砌作中干砖同样可以上墙。（ × ）
10. 台基就是现代建筑中的台阶。（ × ）
11. 平面、立面、剖面图的选用比例无什么规定。（ × ）
12. 图幅一共有五种尺寸。（ √ ）
13. 框架结构的层数在非地震区可建 15～20 层。（ √ ）
14. 建筑结构可分为混凝土、砌体、钢、木等四种结构。（ √ ）
15. 单位工种：即指土建工程。（ √ ）
16. 细实线线宽是 0.5b。（ × ）
17. 影响梁抗剪力的因素中配筋率最大。（ × ）
18. 现浇悬挑梁其截面高度一般为其跨度的 1/4。（ × ）
19. 单层建筑物内带有部分楼层者，部分楼层不计算面积。（ × ）
20. 工程量计算是编制施工图预算的重要环节。（ √ ）

二、选择题（每题 1 分共 20 分，将正确答案填在横线上）
1. 《营造法式》是在 __C__ 年初刊。
   A. 咸宁六年 B. 嘉庆四年 C. 崇宁二年 D. 道光三年
2. ▼75.50 表示 __B__。
   A. 绝对标高 B. 标高   C. 建筑标高 D. 设计标高
3. 烧结砖强度有 __D__ 个等级。
   A. 9   B. 8   C. 7   D. 6
4. 空斗墙的壁柱和洞口两侧 __B__ 范围内要砌成实心墙。
   A. 8cm   B. 4cm   C. 6cm   D. 8cm

5. 清水墙表面平整度不超过 __D__ mm。
   A. 8   B. 7   C. 6   D. 5
6. 砖混结构一般为 __B__ 。
   A. 框架   B. 条形基础   C. 独立柱基   D. 地梁基础
7. 礓墩拦土的轴线偏差是 __C__ mm。
   A. ±5   B. ±10   C. ±20   D. ±50
8. 做细方砖要求砖面平整度不超过 __B__ mm。
   A. 1   B. 0.5   C. 1.5   D. 0.2
9. 清代建筑中，二城墙砖现代尺寸是 __B__ cm。
   A. 47cm×24cm×12cm
   B. 45.4cm×22.1cm×10.1cm
   C. 45.4cm×22.4cm×10.1cm
   D. 24cm×11.5cm×5.3cm
10. 混凝土的强度等级有 __B__ 个等级。
    A. 8   B. 12   C. 10   D. 6
11. 砌墙脚手架高 __B__ m 以内按里架子计算。
    A. 3.2   B. 3.6   C. 3.8   D. 4.0
12. 钢筋半圆弯钩增加的长度，按钢筋直径的 __B__ 计算。
    A. 6   B. 6.25   C. 7.2   D. 8
13. 砖基础砌筑砂浆采用 __A__ 。
    A. 水泥砂浆   B. 石灰砂浆
    C. 混合砂浆   D. 黏土砂浆
14. 木构架在制作时，按照规定应作 __A__ 的起拱。
    A. 1/200 B. 1/300   C. 1/400   D. 1/500
15. 以下材料中 __D__ 为韧性材料。
    A. 砖   B. 石材   C. 混凝土 D. 木材
16. A3 图幅的长、宽尺寸为 __C__ 。
    A. 594mm×841mm   B. 594mm×420mm
    C. 420mm×297mm   D. 210mm×297mm
17. 中实线线宽是 __A__ 。

A. 0.5b B. 0.25b C. 0.3b D. 0.55b

18. 钢筋砖过梁内的钢筋,在支座内的锚固长度不小于__C__。

A. 420mm B. 370mm C. 240mm D. 200mm

19. 挖土起点标高以__B__为起点。

A. 室内地坪标高 B. 设计室外标高
C. +0.00 标高 D. -0.00 标高

20. 平整场地工程是按建筑物底面积的外边线,每边各加__B__计算。

A. 3m B. 2m C. 4m D. 2.5m

三、看图答题（每题 15 分共 30 分）

如图 2.2.4-1、图 2.2.4-2,瓦工按侧塘、锁口平面图填写各部名称。

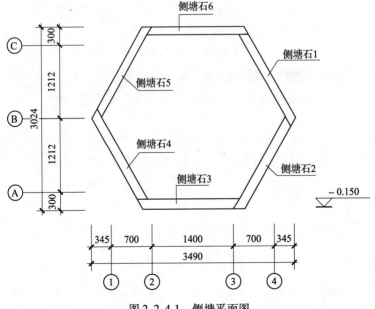

图 2.2.4-1　侧塘平面图

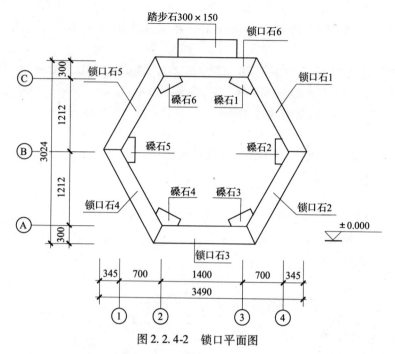

图 2.2.4-2 锁口平面图

四、计算题（每题 10 分，共 20 分）

1. 屋面坡度计算。（如图 2.2.4-3，保留两位小数）

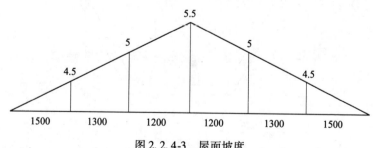

图 2.2.4-3 屋面坡度

【解】由图可知（$\sqrt{1.5^2+0.675^2} \div 1.5 + \sqrt{1.3^2+0.65^2} \div 1.3 + \sqrt{1.2^2+0.66^2} \div 1.2$）$\div 3 =$（$1.097 + 1.118 + 1.140$）$\div 3 = 3.356 \div$

$3 = 1.119 \approx 1.12$

答：坡度系数 1.12。

2. 一砖柱截面尺寸为 490mm×490mm，高度为 3m，试计算其高厚比。

已知 $u_3 = 1.85$

【解】砖柱计算高度为：$H_0 = u_3 H = 1.85 \times 3 = 5.55$m

砖柱高厚比为：$\beta = \dfrac{H_0}{h} = \dfrac{5.55}{0.49} = 11.327$

答：高厚比为：11.327。

五、简答题（每题 8 分，共 40 分）

1. 空斗墙有哪些砌法？

答：单顶一斗一卧，单顶三斗一卧，单顶二斗一卧，双顶全卧。

2. 20cm×20cm 大瓦用在何处？

答：用于底瓦和大殿盖瓦。

3. 写出混水软硬景漏窗的制作程序？

答：（1）在夹板上放实样，先弹米字线以中心线向四周放线，四角均对称。

（2）预制边框。

（3）剪铅丝网按实样钉铅丝网，成形。

（4）用水泥、纸筋、中砂拌制砂浆，刮糙形成图案。

（5）用掺入少量白水泥的纸筋中光面压光。

（6）安装刷水。

4. 古建筑中墙体的组砌形式有哪几种？

答：一般有三种：（1）满顶、满条十字缝砌法；（2）一顺一丁砌法；（3）三顺一丁砌法。

5. 按照技师任职条件，在今后工作中如何发挥你的作用？（结合实际回答）

2.3 假山工技师

2.3.1 假山工技师复习题

一、问答题

1. 试述优质太湖石特征？

答：山石外观曲线流畅，玲珑剔透，纹理疏密通顺，有两个以上石面和角度。

2. 试述优质黄石特征？

答：山石呈四方、长方、扁方、纹理竖横及轮廓明显。

3. 叠石操作中不允许什么样的固定置石？

答：不允许采用多层叠刹架空固定置石。

4. 花坛之功能？

答：形成形式自然的平面和立面构图，成为一幅自然图景。

5. 假山山脉是根据什么来的？

答：仿自然山脉。

6. 假山勾缝的顺序是什么？

答：先下后上、先里而外、先暗后明、先横后竖。

7. 峰石的稳定性主要依靠什么？

答：依靠石峰自身垂直中心。

8. 如何识别上乘的太湖石？

答：按照优质太湖石特征来识别，符合的就是上乘太湖石。

9. 假山是否是苏州园林的主体？

答：假山不是苏州园林的主体。

10. 修复历史名园的假山，应遵循什么原则？

答：遵循"修旧如旧"的原则。

11. 假山堆叠中最重要的因素是什么？

答：因石导势是假山堆叠中最重要因素。

12. 何谓壁山？

答：用湖石或黄石叠成的石壁称壁山。

13. 苏州现存以写实山水的假山代表作是哪个园林的假山？

答：苏州环秀山庄的假山。

14. 堆叠假山除选材、按构思设计、考虑山岳组成外，还必须符合什么？

答：必须符合力学原理。

15. 在特殊超过75°摆放的上置石应用什么保护？

答：应支撑保护。

16. 大型假山，整体造型的施工组织称什么？

答：叫单位工程的施工组织设计。

17. 在临水叠置崖壁、水、旱山洞边的基石应与什么同步考虑？

答：与贴水道同步考虑。

18. 施工大型峰石吊装必须做到什么？

答：做到"安全第一，预防为主"的安全方针。

19. 假山是仿真山的艺术再现在造园中可独立成景，不必考虑其他什么，对不对？

答：应考虑到园林建筑、植物、水光等因素。

20. 黄石宜堆叠什么样的假山？

答：体现风格雄浑，纹理古绌的假山，则黄石最宜。

21. 大型假山分组堆叠基石表示什么？

答：布局曲线位置及层次走向。

22. 安徽巢湖石每立方米重多少？

答：每立方米为2.7t。

23. 一组假山的施工质量体现在三个方面，从力学角度看哪个部位最重要？

答：主要在结顶层。

24. 同种石材，什么抗压强度最小？

答：横纹最小。

25. 叠山理水中，瀑布、滴水根据什么区别？

答：根据落水形状区别。

26. 水池设置贴水步石，间距以什么为合适？

答：适合各年龄层的游人跨步。

27. 苏州古典园林内水池假山的基础是什么？

答：木梅花桩上置条石。

28. 机械吊装巨型峰石，高层安装大型结顶石，机械力臂起吊承重必须大于被吊石重量的多少？

答：30%。

29. 目测方向挑选组合拼石应掌握什么？

答：掌握石面与形状。

30. 山涧山洞假山设计布局应考虑什么？

答：考虑深远意境。

31. 叠石过程指哪些？

答：选、购、运、叠四方面内容。

32. 江南三大名峰是哪些峰？出在什么历史时期？

答：冠云峰、瑞云峰、岫云峰，属宋代花石纲。

33. 刹垫操作必须做到什么？

答：左右横舒。

34. 搅拌混凝土中的碎石直径一般为多少毫米？

答：30mm。

35. 堆石不稳固的主要原因是什么？

答：刹、垫支点不准确。

36. 造成假山整体沉降的原因是什么？

答：基础不符合承重要求。

37. 如何在远处观赏假山，主要看什么？

答：看山体外形曲线。

38. 勾缝后出现走缝是什么原因？

答：山石走动。

39. 崖壁勾缝应考虑多留什么缝？

答：多留竖缝。

40. 列出树种适用湖石、黄石、假山的艺术造型皴法？

答：湖石类：荷叶皴、披麻皴、解索皴、云头皴等。

黄石类：大斧劈皴、小斧劈皴、折带皴。

41. 试述叠石的基本条件？

答：了解山的真实形状和石的形状，纹理和色调，是叠石基本条件。

42. 简述叠山理水含义？

答：指对自然山水的概括，提炼和再现，仿造自然山水景观。

43. 简述湖石、黄石假山勾缝的不同要求？

答：湖石：纹理通顺、饱满、走势自然、勾通洞涡、收头完整。

黄石：勾缝平伏，转角清晰，满缝、满勾，多留竖缝，据石掺色。

44. 写出29种假山单体或局部施工专用术语？

答：归纳为："安、连、接、斗、挎、悬、卡、垂、撑、叠、竖、垫、拼、挑、压、勾、挂"及"置、组、掇、刹、镶、夹、贴、拱、顶、绮、缀、飘"等术语。

45. 假山的定义是什么？

答：运用传统工艺，用人工再造山水景观，是仿自然山水之造型。

46. 力的三要素是什么？

答：方向、大小、作用点。

47. 常用绳扣联接有哪几种？

答：有平结，蚊子结，单环结、反套结、活结、小艇结，雌雄结、圆并结、穿套结、绞卡结。

48. 叠石中有哪四不可？

答：石不可乱、纹不可乱、块不可匀、缝不可多。

49. 叠石中有哪十忌？

答：(1) 忌香炉蜡烛；(2) 忌笔架花瓶；(3) 忌如刀山剑

树;(4)忌如铜墙铁壁;(5)忌如城郭堡垒;(6)忌如鼠穴蚁蛭;(7)忌如奇形怪兽;(8)忌是石可叠;(9)忌脱离环境;(10)忌偏离主题。

二、计算题

1. 搬运一块方形的黄石,请用杠杆原理计算需用多少牛顿的力(p)以上才可搬运?

【解】$p = 100 \times 8kN \div 1500 = 0.533kN$

答:用533N力可以搬运。

2. 用太湖石堆叠一段长20m,平均高度2m,立面平均厚度1.5m,大致需多少太湖石?(每立方米2.7t太湖石)

【解】$20 \times 2 \times 1.5 = 60m^3$

$60 \times 2.7t = 162t$

答:需太湖石162t。

3. 某园林假山占地1153m^2,平均高6.7m,问需要假山石多少吨?

【解】$1153 \times 6.7 = 7725m^3$

$7725 \times 2.7t = 20857.8t$

答:需假山石20857.8t。

4. 修理某园林假山一座,该假山占地254m^2,平均高度4.6m,现需填置太湖石1500t,问需要多少太湖石可利用?

【解】$254 \times 4.6 = 1169m^3 \times 2.7 = 3154t$

$3154 - 1500 = 1654t$

答:需太湖石1654t可利用。

三、作立面图(30分)

按1∶200的比例绘制湖石或黄石组合瀑布假山的施工立面图(参考系数:标高6m,直距15m)(根据考生各自构思设计,达到美观、浑厚、可行)。

按参考系数规定作图(立面图)。

四、简答题

1. 假山拼峰的含义是什么？

答：拼峰是指用多块造型石组合堆叠成石峰。

2. 简述叠山相石与镶石的区别？

答：相石是指叠山前按造型和创意要求对全部配料或单块山石的选定。镶石是对色泽一致、纹理吻合、脉络相通的石块连接起来，宛如一石。

3. 何谓假山花坛？

答：假山花坛用湖石或黄石叠成，形成自然平面和立面。采用不规则构图，其上配制花草树木，辅以石峰、石笋等成为一幅自然图景。

4. 什么是叠石的基本条件和重要前提，施工技术上应掌握哪些要领？

答：了解山的真实形象和石的形状、纹理和色调是叠石的基本条件和重要前提。

堆叠假山除力学稳定外，施工操作技术上应掌握置、安、连、接、斗、挎、拼、悬、夹、剑、卡、垂、贴、挑、撑、叠、竖、垫、刹、压、勾、挂、拱、绮、缀、飘等要领。

5. 简述叠山理水的含义？

答：叠山理水是指对自然山水的概括、提炼和再现，效仿自然，创造出自然式的山水景观。

6. 简述湖石与黄石假山勾缝的不同要求？

答：湖石假山勾缝要求纹理通顺、饱满，缝边沿石走势自然，勾通洞涡，收头完整。

黄石假山勾缝要求平伏，不高浮石面，转角有棱，横缝满勾，多留竖缝，根据石掺色。

7. 力的三要素是什么？

答：力的三要素指力的大小、方向和作用点。

8. 叠石中有哪四不可？

答：石不可乱、纹不可乱、块不可乱、缝不可多。

9. 按技师任职条件,在今后工作中如何发挥你的作用?(结合实际回答)

2.3.2 职业资格鉴定试题

古建筑假山工技师综合试卷(A)

一、判断题(每题 1 分共 20 分,对的在刮号内打"√",错的打"×")

1. 优质太湖石的特征是,山石外观曲线流畅,有两个以上可选的石面或角度,有一定的造型,玲珑剔透,纹理疏密通顺。
（√）
2. 叠石操作时允许采用多层叠刹架空固定置石。　（×）
3. 山脉在仿自然叠山中必不可少。　（√）
4. 假山主峰一般应立在正中。　（×）
5. 太湖石不论形状如何,只要有空洞就是上乘材料。（×）
6. 修复历史名园的假山,应遵循"修旧如旧"原则。（√）
7. 用湖石或黄石叠造的石壁称石壁山。　（√）
8. 运用选定的石材按设计造型须符合力学原理并考虑山岳组成要素。
（√）
9. 针对大型假山,一项整体造型景观的施工组织设计,叫单位工程的施工组织设计。　（√）
10. 假山是仿真山的艺术再现,在造园中独立成景,不需考虑园内建筑、植物、水、光等因素。　（×）
11. 施工图预算就是施工预算。　（×）
12. 单位工程:即指土建工程。　（√）
13. 定额直接费是由人工费和材料费组成。　（×）
14. 建筑结构可分为混凝土、砌体、钢、木等四种结构。（√）
15. 钢筋混凝土结构主要是混凝土,钢筋任意都可以。（×）

16. 框架结构的层数在非地震区可建 15~20 层。　　（✓）
17. 脆性材料抗压强度与抗拉强度均较高。　　（×）
18. 图幅一共有五种尺寸。　　（✓）
19. 粗实线线宽用"b"代表。　　（✓）
20. 平面、立面、剖面图的选用比例无什么规定。（×）

二、选择题（每题 1 分共 20 分。将正确答案填在横线上）
1. 堆一组体现风格雄浑、纹理古绌的假山，以__D__合适。
   A. 湖石　　B. 英石　　C. 房山石　　D. 黄石
2. 安徽巢湖石每立方米的重量是__D__吨。
   A. 2　　B. 1.9　　C. 2.2　　D. 2.7
3. 同种石材，抗压强度__A__最小。
   A. 横纹　　　　　　B. 竖纹
   C. 斜纹　　　　　　D. 竖、斜交叉纹
4. 水池中贴水步石，其间距以__C__最合适。
   A. 25cm　　　　　　B. 40cm
   C. 各年龄层游人跨步　D. 儿童跨步
5. 机械吊装巨型峰面、机械力臂角度内的起吊承重量必须大于被吊之石重量的__C__。
   A. 100%　　B. 60%　　C. 30%　　D. 10%
6. 山涧、山洞假山设计布局应体现__C__意境。
   A. 高远　　B. 平远　　C. 深远　　D. 迷远
7. 留园三大名峰"冠云峰、瑞云峰、岫云峰"均是__A__花石纲。
   A. 宋代　　B. 唐代　　C. 明代　　D. 清代
8. 搅拌混凝土中的碎石直径一般为__A__mm。
   A. 30　　B. 40　　C. 50　　D. 60
9. 造成假山整体沉降原因是__D__。
   A. 石料不好　　　　B. 结构不合理
   C. 重心偏差　　　　D. 基础不符承重要求
10. 勾缝后出现走缝，主要原因是__B__。

A. 砂浆密实不够 B. 山石走动
C. 勾空缝 D. 养护不当

11. A3 图幅的长、宽尺寸为 __C__ 。
   A. 594mm×841mm B. 594mm×420mm
   C. 420mm×297mm D. 210mm×297mm

12. 中实线线宽是 __A__ 。
   A. 0.5b   B. 0.25b   C. 0.3b   D. 0.55b

13. 折断线线宽是 __B__ 。
   A. 0.5b   B. 0.25b   C. 0.3b   D. 0.55b

14. 对有防震要求的砖砌体结构房屋，其砖砌体的砂浆强度等级不低于 __B__ 。
   A. M2   B. M5   C. M3   D. M4

15. 为提高梁的抗剪能力，在梁内可增设 __B__ 。
   A. 纵筋   B. 箍筋   C. 腰筋   D. 架列筋

16. 钢筋砖过梁内的钢筋，在支座内的锚固长度不小于 __C__ 。
   A. 420mm   B. 370mm   C. 240mm   D. 200mm

17. 硅酸盐水泥强度等级有 __B__ 个。
   A. 4   B. 6   C. 7   D. 8

18. 挖土起点标高以 __B__ 为起点。
   A. 室内地坪标高   B. 设计室外标高
   C. +0.00 标高   D. -0.00 标高

19. 平整场地工程是按建筑物底面积的外边线，每边各加 __B__ 计算。
   A. 3m   B. 2m   C. 4m   D. 2.5m

20. 工程直接费由 __A__ 组成。
   A. 定额直接费、其他直接费、现场经费
   B. 人工费、材料费、机械费
   C. 季节施工增加费、夜间施工增加费
   D. 多次搬运费、节日加班费、其他费

三、作图

1. 按 1:200 的比例绘制湖石或黄石组合瀑布假山的施工立面图（参考系数：标高 6m，直距 15m）（根据考生各自构思设计，达到美观、浑厚、可行）。

2. 按参考系数规定作图（立面图）（30 分）

四、计算题（每题 10 分共 20 分）

1. 搬运一块方形的黄石，请用杠杆原理计算需用多少牛顿的力（p）以上才可搬运？

【解】$p = 100 \times 8kN/1500 = 0.533kN$

答：用 533N 力可以搬运。

2. 用太湖石堆叠一段长 20m，平均高度 2m，立面平均厚度 1.5m，大致原多少太湖石？（每立方米 = 2.7t 太湖石）

【解】$20 \times 2 \times 1.5 = 60m^3$

$60 \times 2.7t = 162t$

答：原太湖石 162t。

五、简答题（每题 8 分，共 40 分）

1. 假山拼峰的含义是什么？

答：拼峰是指用多块造型石组合堆叠成石峰。

2. 简述叠山相石与镶石的区别？

答：相石是指叠山前按造型和创意要求对全部配料或单块山石的选定。

镶石是对色泽一致、纹理吻合、脉络相通的石块连接起来，宛如一石。

3. 何谓假山花坛？

答：假山花坛用湖石或黄石叠成，形成自然平面和立面。采用不规则构图，其上配制花草树木，辅以石峰、石笋等成为一幅自然图景。

4. 什么是叠石的基本条件和重要前提，施工技术上应掌握哪些要领？

答：了解山的真实形象和石的形状、纹理和色调是叠石的基本条件和重要前提。

堆叠假山除力学稳定外，施工操作技术上应掌握置、安、连、接、斗、挎、拼、悬、夹、剑、卡、垂、贴、挑、撑、叠、竖、垫、刹、压、勾、挂、拱、绮、缀、飘等要领。

5. 按技师任职条件，在今后工作中如何发挥你的作用？（结合实际回答）

2.3.3 职业资格鉴定试题

古建筑假山工技师综合试卷（B）

一、判断题（每题1分共20分。对的在刮号内打"√"，错的打"×"）

1. 优质黄石的特征是：山石呈四方、长方、扁方、纹理竖横及轮廓明显。（√）
2. 花坛是叠石中最常用的造型之一，挡土是主要功能。（×）
3. 假山勾缝顺序是先下后上，先里后外，先暗后明，先横后竖。（√）
4. 峰石竖立的稳定性主要是依靠石峰自身垂直重心。（√）
5. 苏州园林是以假山为主体。（×）
6. 因石导势是假山堆叠中重要因素之一。（√）
7. 现在以体现写实山水的假山代表作是苏州"狮子林"的假山。（×）
8. 山石安装石与石之间至少有两个接触受力点，垫石不可将石架空，特殊超过75°摆放的上置石应予支撑保护。（√）
9. 在临水池叠置崖壁、水、旱山洞边的基石，不需要与贴

水道同步考虑。 （×）

10. 只要掌握操作技能就可堆叠出各种不同类型、造型的假山。 （×）

11. 施工定额是施工企业为了组织生产，在内部使用的一种定额。 （√）

12. 工程量计算是编制施工图预算的重要环节。 （√）

13. 单层建筑物内带有部分楼层者，部分楼层不计算面积。 （×）

14. 普通钢筋混凝土的自重为 $25kN/m^3$。 （√）

15. 住宅建筑中，一般情况阳台活荷载取值比住宅楼面大。 （√）

16. 现浇悬挑梁其截面高度一般为其跨度的 1/4。 （√）

17. 影响梁抗剪力的因素中配筋率最大。 （√）

18. 绘图时如需要尺寸加大图纸的长短边都可加大。 （×）

19. 细实线线宽是 0.5b。 （×）

20. 配件及构造详图规定比例中最大可以到 1∶200。 （×）

二、选择题（每题 1 分共 20 分。将正确答案填在横线上）

1. 大型假山分组堆叠时，单组一至二、三层基石不仅表示出布局曲线位置，还反映该组假山的__C__。
   A. 结构完整　　　　B. 主次呼应
   C. 层次走向　　　　D. 美观

2. 一组假山施工质量一般体现在三个层面，从力学角度其中__C__最重要。
   A. 基础层　B. 中间层　C. 结顶层　D. 峡谷

3. 在古代叠山理水中，瀑布、滴水是根据__A__区别。
   A. 落水形状　　　　B. 供水流量
   C. 水位高低　　　　D. 水质好坏

4. 苏州古典园林内水池假山的基础最多的是采用__C__。
   A. 钢筋混凝土　　　B. 条石、碎石、碎块夯实
   C. 木梅花桩上置条石　D. 石桩

5. 用目测方法挑选组石、拼石应掌握__C__。
   A. 尺寸大小   B. 色泽与纹理
   C. 石面与形状   D. 体量轮廓
6. 叠石过程是指__A__。
   A. 选、购、运、叠石   B. 垫、刹、拼
   C. 搬、吊、固定   D. 开基、筑基
7. 刹、垫操作时必须__B__。
   A. 取石合适   B. 左右横拿
   C. 上下托拿   D. 薄面朝里
8. 堆石不稳因的主要原因是__A__。
   A. 刹、垫支点不正确   B. 刹、垫石不牢固
   C. 叠石重心不准   D. 操作不当
9. 远处观赏假山主要是看__B__。
   A. 山的走向   B. 山体外形曲线
   C. 山体层次   D. 体量、收头结顶
10. 崖壁勾缝应考虑多留__D__。
    A. 横缝   B. 斜缝   C. 凹缝   D. 竖缝
11. 工程预算造价正确与否,主要是看__A__。
    A. 分项工程工程量的数量、预算定额基价。
    B. 没有漏项,取费正确。
    C. 分项工程量多少,材料差价计算。
    D. 人工费的正确,材料差价正确。
12. 砌墙脚手架高__B__m以内按里架子计算。
    A. 3.2   B. 3.6   C. 3.8   D. 4.0
13. 砌砖墙、外墙长度,按外墙__B__长度计算。
    A. 轴线   B. 中心线   C. 外边线   D. 里边线
14. 钢筋半圆弯钩增加的长度,按钢筋直径的__B__计算。
    A. 6   B. 6.25   C. 7.2   D. 8
15. 砖基础砌筑砂浆采用__A__。
    A. 水泥砂浆   B. 石灰砂浆

C. 混合砂浆　　　　D. 黏土砂浆

16. 在建筑结构中，所设置的变形缝需贯通整个结构的是__B__。

A. 伸缩缝　B. 沉降缝　C. 抗震缝　D. 温度缝

17. 木构架在制作时，按照规定应作__A__的起拱。

A. 1/200　B. 1/300　C. 1/400　D. 1/500

18. 下列材料中哪种为憎水材料__C__。

A. 混凝土　B. 木材　C. 沥青　D. 砖

19. 以下材料中__D__为韧性材料。

A. 砖　　B. 石材　　C. 混凝土　　D. 木材

20. 石膏属于建筑材料的__C__材料。

A. 天然　B. 浇土　C. 胶凝　D. 有机

三、作图：(30 分)

1. 按1∶200的比例绘制湖石或黄石组合瀑布假山的施工立面图（参考系数：标高6m，直距15m）（根据考生各自构思设计，达到美观、浑厚、可行）。

2. 按参考系数规定作图（立面图）

四、计算题（每题10分共20分）

1. 某园林假山占地$1153m^2$，平均高6.7m，问假山石多少吨？

【解】$1153 \times 6.7 = 7725m^3$

$7725 \times 2.7t = 20857.8t$

答：需假山石20857.8t。

2. 修理某园林假山一座，该假山占地$254m^2$，平均高度4.6m，现需填置太湖石1500t，问原多少太湖石可利用？

【解】$254 \times 4.6 = 1169m^3 \times 2.7 = 3154t$

$3154 - 1500 = 1654t$

答：原太湖石1654t可利用。

五、简答题（每题8分，共40分）

1. 简述叠山理水的含义？

答：叠山理水是指对自然山水的概括提炼和再现，效仿自然，创造出自然式的山水景观。

2. 简述湖石与黄石假山勾缝的不同要求？

答：湖石假山勾缝要求纹理通顺、饱满，缝边沿石走势自然，勾通洞涡，收头完整。

黄石假山勾缝要求平伏，不高浮石面，转角有棱，横缝满勾，多留竖缝，根据石掺色。

3. 力的三要素是什么？

答：力的三要素指力的大小、方向和作用点。

4. 叠石中有哪四不可？

答：石不可乱、纹不可乱、块不可乱、缝不可多。

5. 按技师任职条件，在今后工作中如何发挥你的作用？（结合实际回答）

2.3.4 职业资格鉴定试题

古建筑假山工技师综合试卷（C）

一、判断题（每题2分共20分，对的在刮号内打"√"，错的打"×"）

1. 假山是仿真山的艺术再现，在造园中独立成景，不需考虑园内建筑、植物、水、光等因素。（×）

2. 针对大型假山，一项整体造型景观的施工组织设计的单位工程的施工组织设计。（√）

3. 运用选定的石材按设计造型须符合力学原因并考虑山岳组成要素。（√）

4. 用湖石或黄石叠造的石壁称为石壁山。（√）

5. 假山主峰一般应立在正中。　　　　　　　　　（×）
6. 只要掌握操作技能就可堆叠出各种不同的类型的假山。
　　　　　　　　　　　　　　　　　　　　　　　（×）
7. 峰石竖立的稳定性主要依靠石峰自身垂直重心。（√）
8. 花坛是叠石中最常用的造型之一，挡土是主要功能。（×）
9. 苏州园林是以假山为主体。　　　　　　　　　（×）
10. 因石导势是假山堆叠中重要因素之一。　　　（√）
11. 平面、立面、剖面图的选用比例无什么规定。（×）
12. 图幅一共有五种尺寸。　　　　　　　　　　（√）
13. 框架结构的层数在非地震区可建15～20层。 （√）
14. 建筑结构可分为混凝土、砌体、钢、木等四种结构。（√）
15. 单位工程：即指土建工程。　　　　　　　　（√）
16. 细实线线宽是0.5b。　　　　　　　　　　　（×）
17. 影响梁抗剪力的因素中配筋率最大。　　　　（×）
18. 现浇悬挑梁其截面高度一般为其跨度的1/4。（×）
19. 单层建筑物内带有部分楼层者，部分楼层不计算面积。
　　　　　　　　　　　　　　　　　　　　　　　（×）
20. 工程量计算是编制施工图预算的重要环节。（√）

二、选择题（每题1分共20分，将正确答案填在横线上）

1. 一组假山施工质量一般体现在三个层面，从力学角度其中__C__最重要。

　　A. 基础层　B. 中间层　C. 结顶层　　D. 峡谷

2. 大型假山分组堆叠时，单组一至二、三层基石不仅表示出布局曲线位置，还反映该组假山的__C__。

　　A. 结构完整　B. 主次呼应　C. 层次走向　D. 美观

3. 在古代叠山理水中，瀑布、滴水是根据__A__区别。

　　A. 落水形状　　　　　B. 供水流量
　　C. 水位高低　　　　　D. 水质好坏

4. 用目测方法挑选组石拼石应掌握__C__。

　　A. 尺寸大小　　　　　B. 色泽与纹理

  C. 石面与形状   D. 体量轮廓

5. 叠石过程是指__A__。
  A. 选、购、运、叠石   B. 垫、刹、拼
  C. 搬、吊、固定   D. 开基、筑基

6. 山涧、山洞假山设计布局应体现__C__意境。
  A. 高远   B、平远   C. 深远   D. 迷远

7. 搅拌混凝土中的碎石直径一般为__A__mm。
  A. 30   B. 40   C. 50   D. 60

8. 安徽巢湖石每立方米的重量是__D__t。
  A. 2   B. 1.9   C. 2.2   D. 2.7

9. 造成假山整体沉降原因是__D__。
  A. 石料不好   B. 结构不合理
  C. 重心偏差   D. 基础不符承重要求

10. 留园三大名峰"冠云峰、瑞云峰、岫云峰"均是__A__花石纲。
  A. 宋代   B. 唐代   C. 明代   D. 清代

11. 砌墙脚手架高__B__m以内按里架子计算。
  A. 3.2   B. 3.6   C. 3.8   D. 4.0

12. 钢筋半圆弯钩增加的长度，按钢筋直径的__B__计算。
  A. 6   B. 6.25   C. 7.2   D. 8

13. 砖基础砌筑砂浆采用__A__。
  A. 水泥砂浆   B. 石灰砂浆
  C. 混合砂浆   D. 黏土砂浆

14. 木构架在制作时，按照规定应作__A__的起拱。
  A. 1/200   B. 1/300   C. 1/400   D. 1/500

15. 以下材料中__D__为韧性材料。
  A. 砖   B. 石材   C. 混凝土   D. 木材

16. A3图幅的长、宽尺寸为__C__。
  A. 594mm×841mm   B. 594mm×420mm
  C. 420mm×297mm   D. 210mm×297mm

17. 中实线线宽是__A__。
    A. 0.5b   B. 0.25b   C. 0.3b   D. 0.55b
18. 钢筋砖过梁内的钢筋,在支座内的锚固长度不小于__C__。
    A. 420mm   B. 370mm   C. 240mm   D. 200mm
19. 挖土起点标高以__B__为起点。
    A. 室内地坪标高   B. 设计室外标高
    C. +0.00 标高   D. -0.00 标高
20. 平整场地工程是按建筑物底面积的外边线,每边各加__B__计算。
    A. 3m   B. 2m   C. 4m   D. 2.5m

三、作图

1. 按1:200的比例绘制湖石或黄石组合瀑布假山的施工立面图（参考系数：标高6m,直距15m）（根据考生各自构思设计,达到美观、浑厚、可行）。
2. 按参考系数规定作图（立面图）（30分）

四、计算题：(每题10分共20分)

1. 搬运一块方形的黄石,请用杠杆原理计算需用多少牛顿的力（p）以上才可搬运?

【解】$p = 100 \times 8kN \div 1500 = 0.533kN$

答：用533N力可以搬运。

2. 修理某园林假山一座,该假山占地$254m^2$,平均高度4.6m,现需填置太湖石1500t,问原多少太湖石可利用?

【解】$254 \times 4.6 = 1169m^3 \times 2.7 = 3154t$

$3154 - 1500 = 1654t$

答：原太湖石1654t可利用。

五、简答题（每题8分,共40分)

1. 假山拼峰的含义是什么?

答：拼峰是指用多块造型石组合堆叠成石峰。

2. 简述叠山相石与镶石的区别？

答：相石是指叠山前按造型和创意要求对全部配料或单块山石的选定。

镶石是对色泽一致、纹理吻合、脉络相通的石块连接起来，宛如一石。

3. 力的三要素是什么？

答：力的三要素指力的大小、方向和作用点。

4. 叠石中有哪四不可？

答：石不可乱、纹不可乱、块不可乱、缝不可多。

5. 按技师任职条件，在今后工作中如何发挥你的作用？（结合实际回答）

2.4 古建筑油漆工技师

2.4.1 古建筑油漆工技师复习题

（包括彩画、匾额、推广漆工）

一、问答题

1. 试述"地仗活"含义？

答：古建筑油漆施工部分称"地仗活"。

2. 涂料工程能否单列并有设计图纸？

答：涂料工程不可能单列图纸，只在施工图上注明涂料要求。

3. 何谓调色？

答：利用油漆对已上色木件进行拼色和修色叫调色。

4. 红木楷漆木纹模糊的原因？

答：涂染色时水过稠造成模糊。

5. 三青晕色的作用？

答：即群青颜色属于彩画的一种色调。用在彩画作画底色。

6. 生漆属于什么涂料？能不能溶于水？

答：属于天然涂料，不溶于水。

7. 坯油能否单独当涂料？

答：不能单独当涂料使用。

8. 何谓通灰？

答：又称粗灰，对木件进行抹灰、刮平、刮直。

9. 广漆施涂中起皱原因是什么？

答：涂层厚薄不匀。

10. 涂料施工操作基本技巧如何概括？

答：估、嵌、磨、配、刷、擦、喷、修，8字概括。

11. 水性涂料应用什么容器盛放？

答：用木桶盛装。

12. 制作匾额和抱柱对的木底板有何要求？

答：匾额和抱柱对木底板加工不能光滑。

13. 何为下竹钉？

答：在木材裂缝内打下竹钉，防止腻子松脱。

14. 涂料工程在我国南北方有何区别？

答：涂料工程由于南北方气候不同。所以工程要求也不同。

15. 何为分子量？

答：分子量就是分子的量，并非重量。

16. 酚醛涂料与酯胶漆涂料能否混合使用？

答：两者不能混合使用。

17. 紫坯油和白坯油哪个干燥性好？

答：白坯油的干燥性好。

18. 一般木门扇与地面留缝多少？

答：留缝4~5mm。

19. 单宁是一种什么酸？

答：单宁是含在木材内的一种有机鞣酸。

20. 贴金装饰时，金脚可用什么制作？

答：可用黄色调和漆涂料。
21. 亚麻籽油与桐油哪个耐光性强？
答：桐油耐光性强。
22. 热固性树脂涂料受热后会怎么样？
答：受热后黏度上升，产生胶化。
23. 使用钛白时应注意什么？
答：钛白易风化，用时应注意。
24. 彩画的图案特点是什么？
答：图案是相互对称的。
25. 清漆混入水后会怎样？
答：使催干剂析出而造成浑浊。
26. 涂料中造成结皮的原因？
答：涂料中热桐油过多会造成结皮。
27. 有机化合物能否溶于水？
答：有机化合物不能溶于水。
28. 梁、枋、三道灰调粉时应加入什么？
答：加入小籽灰。
29. 苏式彩画一般用在什么地方？
答：用在殿庭寺庙。
30. 丙烯酸清漆涂料配好后如何使用？
答：随配随用。
31. 色相、彩度、明度是什么三要素？
答：属色彩三要素。
32. 如何简称色彩的明暗度？
答：明度。
33. 重晶石粉的用途？
答：重晶石粉不用于油漆工。
34. 天然树脂漆的特点？
答：耐大气性好。
35. 涂料中的粉是什么样的防锈材料？

答：物理防锈材料。

36. 色料配制时溶剂的加入量可以多一些对不对，为什么？

答：溶剂量加入不能超过规定，如超过，干后会裂缝翘皮、脱落。

37. 广漆施涂中出现斑疤是何原因？

答：嵌填腻子未打磨干净。

38. 夏季熬炼桐油时材料的重量配比多少？（生桐油、土子粉、樟丹）

答：生桐油：土子粉：樟丹是 100：6：5。

39. 催干剂在任何季节都可以加到涂料中去，对不对？为什么？

答：冬季施工不可加入催干剂。

40. 樟木板做荸荠色光漆时，应施涂什么？

答：先涂一遍米醋。

41. 地仗灰腻子由什么组成？

答：油血料和砖瓦灰组成。

42. 在楷漆工艺中如何减慢生漆干燥速度？

答：在生漆内加入少量豆油。

43. 怎样识别纯生漆涂料？

答：将生漆涂料滴在纸上放在火上烧，出现爆炸声时，是纯生漆涂料。

44. 一般涂料施涂时，相对湿度不易小于多少？

答：相对湿度不宜小于 60%。

45. 灰油熬制时，温度不能超过多少？

答：不能超过 180℃。

46. 广漆干燥的相对湿度最佳为多少？

答：80% ±5%。

47. 红木楷漆第一遍上色上的是什么？

答：第一遍上的是苏木水。

48. 古人对黑色材料是以什么符号表示？

答：用" + "表示。

49. 紫坯油熬制时，应将生漆的漆渣在什么油中存放多少天？
答：放在生桐油中浸泡 40d。
50. 盖金用的刷具应选什么样的？
答：毛细而软的小号。
51. 光油熬制时，每一锅油需多少分钟？
答：为 30~40min。
52. 水泥腻子由什么组成？
答：水泥加 107 胶。
53. 施涂第二遍清漆应按什么操作方法？
答：按二直一横操作。
54. 镉红属于什么颜料？
答：属无机颜料。
55. 桐油属于什么植物油？能否溶于有机涂料？
答：属于干性植物油，不能溶于有机溶剂。
56. 沉降缝用什么嵌填？
答：用沥青麻丝嵌填。
57. 光油熬制温度超过多少度？持续多少分钟？就会怎样？
答：超过 282℃，持续 7~8min，就会变胶而报废。
58. 仿红木涂料第一遍上色用什么颜料？
答：酸性大红颜料。
59. 空气中的什么能使涂料胶化增稠？
答：氧气。
60. 四道灰施工一般用于建筑物的什么构件？
答：下架柱子。
61. 用于调稀厚漆的清漆应怎样加催干剂？
答：适当多加催干剂。
62. 施涂涂料不会产生发酵是什么原因？
答：用汽油作稀释剂。
63. 古建筑彩画中，拉大粉是靠近金线画一道白线其宽度为晕色的多少？

答：为晕色的1/3。
64. 桐油涂料加热到多少，持续多少时间，可成白坯油？
答：加热到280℃，持续4~5min，便熬成白坯油。
65. 涂料施工现场所用照明灯，应安装什么灯具？
答：安装防爆照明灯。
66. 樟丹、铅丹又称什么？
答：即红丹。

二、看图答题

如图2.4.1-1、2.4.1-2，油漆工按摔网椽、构架平面图填写需油漆部分的名称。

答案填写在＿＿＿＿＿＿横线上面，有2个以上填下面。（每题15分共30分）

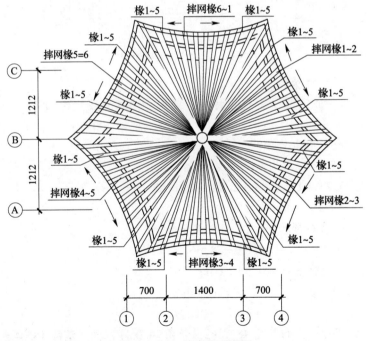

图2.4.1-1 摔网椽平面图

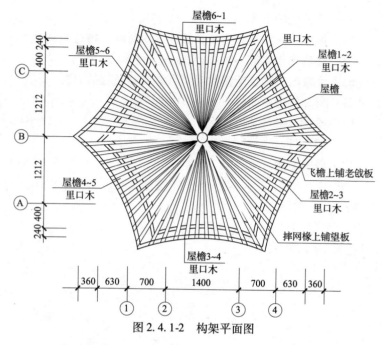

图 2.4.1-2 构架平面图

三、计算题

1. 胶清腻子由熟石膏粉、老粉、油基清漆、107 胶、水组成,其重量配比是 3.2∶1.6∶1∶2.5∶5,现需 200kg 胶清腻子,需各种材料多少公斤?

【解】设水为 $5X$,由题意得:

$3.2X + 1.6X + X + 2.5X + 5X = 200$

$X = 15.04\text{kg}$

需熟石膏粉　$3.2X = 48.12\text{kg}$

老粉　　　　$1.6X = 24.06\text{kg}$

油基清漆　　$X = 15.04\text{kg}$

107 胶　　　$2.5X = 37.60\text{kg}$

水　　　　　$5X = 75.20\text{kg}$。

答:需熟石膏粉 48.12kg,老粉 24.06kg,油基清漆 15.04kg,107 胶 37.60kg,水 75.20kg。

2. 某工程需刷广漆五遍，工程量为 $650m^2$，如油漆工对该工程每日完成 $5m^2$，问需要多少日完成此项施工，定额多少？

【解】$650 \div 5 = 130$ 工日

$100 \div 5 = 20$ 工日$/100m^2$

答：需 130 个工日完成，定额为 20 个工日$/100m^2$。

3. 某古建工程作 43 个木门，宽 1.2m，高 2.4m，厚 0.0466m，需锯干湿木材多少立方米（干材系数 0.25，湿材系数 0.12）？

【解】总面积 $43 \times 1.2 \times 2.4 = 123.84m^2$

干材总数 $123.84 \times 0.0466 \times (1 + 0.25) = 7.22m^3$

湿材总数 $7.22 \times (1 + 0.12) = 8.09m^3$

答：干材为 $7.22m^3$，湿材为 $8.09m^3$。

4. 某古建筑需涂刷 378.6kg 金粉漆涂料，其金粉含量 35%、油性清漆 61%，现有金粉清漆涂料中含金粉 52%，油性金漆 48%，问需 52% 金粉漆涂料多少公斤？加清漆多少公斤？

【解】52% 金粉漆涂料 $378.6 \times 35\% \div 52\% = 254.83$kg

清漆涂料 $254.83 - (378.6 \times 0.35) = 122.32$kg

答：金粉漆涂料 254.83kg，清漆涂料 122.32kg。

四、简答题

1. 什么叫晕色？什么叫二色？

答：在各色原材颜中加入白色，调配成各种浅色称为晕色，略深的称二色。

2. 无机红色颜料有哪些？

答：银硃、镉红、钼红。

3. 香色是如何配制的？

答：香色即土黄色，有深浅两种，配制时将调好的石黄加兑一些调好的银硃、佛青，再加入少许黑色即可调成。

4. 常用白色颜料有哪些？

答：钛白、立德粉、锌白。

5. 列出醇类溶剂、脂类溶剂、酮类溶剂主要方程式？

答：醇类：甲醇 CH_3OH、乙醇 C_2H_5OH；

酯类：醋酸甲酯 CH_3COOCH_3；
醋酸丁酯 $CH_3COOC_4H_9$；
酮类 丙酮 CH_3COCH_3。

6. 有机红色颜料有哪些？

答：甲苯胺红、立索尔红、对位红等。

7. 天然氧化铁颜料有哪些？

答：土红、棕红、土黄等。

8. 大漆施涂用具为什么不能用铁、铅等金属？

答：大漆与铁、铅等金属接触会产生化学反应而变黑，故施工用具要用竹、牛角、紫铜、铝、陶瓷制品。

9. 天然漆（大漆、生漆）经过加工可分成哪些漆？

答：经过人工制作，可制成原桐生漆、棉漆、广漆、堆光漆等。

10. 简述推光漆的施工程序？

答：物面处理──撕缝、下竹钉──→涂底漆──→嵌填生漆腻子──→披麻──→满披腻子──→涂推光漆1~2度──→细磨──→涂面漆──→退光──→推光──→上蜡擦光。

2.4.2 职业资格鉴定试题

古建筑油漆工技师综合试卷（A）

一、判断题（每题1分共20分，对的在括号内打"√"，错的打"×"）

1. 古建筑油漆施工部分一般称作"地仗活"。（√）
2. 油漆、涂料工程没有单独的设计施工图。（√）
3. 红木楷漆涂染色时，水过稀而发生木纹模糊。（×）
4. 生漆是天然涂料，但不溶于水。（√）
5. 灰头匾额、抱柱对的木底板应光滑。（×）
6. 分子量就是分子的重量。（×）
7. 酚醛涂料与酯胶漆涂料可混合使用。（√）
8. 彩画的图案一般是对称的。（√）

9. 梁枋三道灰调粉时，应加入小籽灰。　　　　　（✓）
10. 苏式彩画一般用于住宅和寺庙。　　　　　　（×）
11. 施工图预算就是施工预算。　　　　　　　　（×）
12. 单位工程：即指土建工程。　　　　　　　　（✓）
13. 定额直接费是由人工费和材料费组成。　　　（×）
14. 建筑结构可分为混凝土、砌体、钢、木等四种结构。（✓）
15. 钢筋混凝土结构主要是混凝土、钢筋任意都可以。（×）
16. 框架结构的层数在非地震区可建 15～20 层。　（✓）
17. 脆性材料抗压强度与抗拉强度均较高。　　　（×）
18. 图幅一共有五种尺寸。　　　　　　　　　　（✓）
19. 粗实线线宽用"b"代表。　　　　　　　　　（✓）
20. 平面、立面、剖面图的选用比例无什么规定。（×）

二、选择题（每题 1 分，共 20 分，将正确答案填在横线上）

1. 广漆施涂时，出现斑疤的原因是__A__。
    A. 嵌填腻子未打磨干净　　B. 气候干燥
    C. 气候潮湿　　　　　　　D. 催干剂多
2. 夏季熬炼桐油时，材料的重量配比是__B__（生桐油：土子粉：樟丹）。
    A. 100：7：4　　　　　　　B. 100：6：5
    C. 100：8：3　　　　　　　D. 100：5：2
3. 地灰腻子由__D__组成。
    A. 石膏、血料、桐油　　　B. 清油、石灰、石膏
    C. 丙酮、油漆、石膏　　　D. 油血料、砖灰
4. 将大漆涂料滴入纸上放在火上烧，出现__B__时是纯生漆涂料。
    A. 无声　　　　　　　　　B. 有爆炸声
    C. 有吡吡声　　　　　　　D. 有声或无声
5. 广漆干燥时，温度在 25℃左右，相对湿度最佳为__D__。
    A. 50%±5%　　　　　　　B. 60%±5%
    C. 70%±5%　　　　　　　D. 80%±5%

6. 古人对黑色材料是用符号__C__写注的。
   A. 八　　B. 九　　C. 十　　D. 十一
7. 紫坯油熬制时，先将生漆的漆渣放在生桐油中浸泡__D__天左右。
   A. 10　　B. 20　　C. 30　　D. 40
8. 盖金用的涂料刷具可选用__D__的刷具。
   A. 毛粗而硬　　　　B. 毛细而粗
   C. 毛细而硬　　　　D. 毛细而软
9. 光油熬制时，每20kg（一锅）熬制时间大约为__B__min。
   A. 20~30　B. 30~40　C. 40~50　D. 50~60
10. 红木抹漆施涂第一遍，上色上的是__B__。
    A. 清油　B. 苏木水　C. 品红水　D. 硫磺水
11. A3图幅的长、宽尺寸为__C__。
    A. 594mm×841mm　　B. 594mm×420mm
    C. 420mm×297mm　　D. 210mm×297mm
12. 中实线线宽是__A__。
    A. 0.5b　B. 0.25b　C. 0.3b　D. 0.55b
13. 折断线线宽是__B__。
    A. 0.5b　B. 0.25b　C. 0.3b　D. 0.55b
14. 对有防震要求的砖砌体结构房屋，其砖砌体的砂浆强度等级不低于__B__。
    A. M2　　B. M5　　C. M3　　D. M4
15. 为提高梁的抗剪能力，在梁内可增设__B__。
    A. 纵筋　B. 箍筋　C. 腰筋　D. 架列筋
16. 钢筋砖过梁内的钢筋，在支座内的锚固长度不小于__C__。
    A. 420mm　B. 370mm　C. 240mm　D. 200mm
17. 硅酸盐水泥强度等级有__B__个。
    A. 4　　B. 6　　C. 7　　D. 8
18. 挖土起点标高以__B__为起点。
    A. 室内地坪标高　　B. 设计室外标高

C. +0.00 标高　　　　D. -0.00 标高

19. 平整场地工程是按建筑物底面积的外边线，每边各加__B__计算。

　　A. 3m　　B. 2m　　C. 4m　　D. 2.5m

20. 工程直接费由__A__组成。

　　A. 定额直接费、其他直接费、现场经费

　　B. 人工费、材料费、机械费

　　C. 季节施工增加费、夜间施工增加费

　　D. 多次搬运费、节日加班费、其他费

三、看图答题

如图2.4.2-1、图2.4.2-2，油漆工按摔网椽、构架平面图填写需油漆部分的名称。

答案填写在＿＿＿＿＿＿＿横线上面，有2个以上填下面。（每题15分共30分）

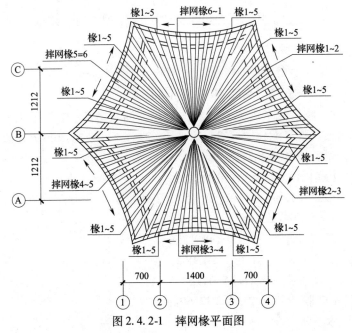

图2.4.2-1　摔网椽平面图

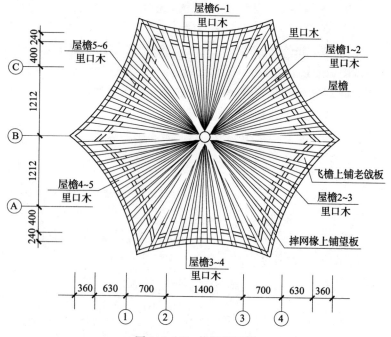

图 2.4.2-2 构架平面图

四、计算题（每题 10 分，共 20 分）

1. 胶清腻子由熟石膏粉、老粉、油基清漆、107胶水、水组成，其重量配比是 3.2：1.6：1：2.5：5，现需 200kg 胶清腻子，需各种材料多少公斤？

【解】设水为 $5X$，由题意得：

$3.2X + 1.6X + X + 2.5X + 5X = 200$

$X = 15.04 \text{kg}$

需熟石膏粉　　$3.2X = 48.12 \text{kg}$

老粉　　　　　$1.6X = 24.06 \text{kg}$

油基清漆　　　$X = 15.04 \text{kg}$

107 胶　　　　$2.5X = 37.60 \text{kg}$

水　　　　　　$5X = 75.20 \text{kg}$。

答：需熟石膏粉 48.12kg，老粉 24.06kg，油基清漆 15.04kg，107 胶 37.60kg，水 75.20kg。

2. 某工程需广漆五遍，工程量为 650m²，如油漆工对该工程每日完成 5m²，问需多少日完成此项施工，定额多少？

【解】 $650 \div 5 = 130$ 工日

$100 \div 5 = 20$ 工日$/100m^2$

答：需 130 个工日完成，定额为 20 个工日$/100m^2$。

五、简答题（每题 8 分，共 40 分）

1. 什么叫晕色？什么叫二色？

答：在各色原材料中加入白色，调配成各种浅色称为晕色，略深的称二色。

2. 无机红色颜料有哪些？

答：银硃、镉红、钼红。

3. 香色是如何配制的？

答：香色即土黄色，有深浅两种，配制时将调好的石黄加兑一些调好的银硃、佛青，再加入少许黑色即可调成。

4. 常用白色颜料有哪些？

答：钛白、立德粉、锌白。

5. 列出醇类溶剂、脂类溶剂、酮类溶剂主要方程式？

答：醇类：甲醇 CH_3OH、乙醇 C_2H_5OH；

酯类：醋酸甲酯 CH_3COOCH_3；

醋酸丁酯 $CH_3COOC_4H_9$；

酮类 丙酮 CH_3COCH_3。

2.4.3 职业资格鉴定试题

古建筑油漆工技师综合试卷（B）

一、判断题（每题 1 分共 20 分。对的在括号内打"√"，错的打"×"）

1. 拼色和修色就是利用厚漆对已上色的木件进一步调色。

（×）

2. 三青晕色画在白底色上就增加色彩的层次。（×）
3. 坯油一般能作单独涂料使用。（×）
4. 通灰就是把木材缝中的油灰用工具挖掉。（×）
5. 水性涂料大部分可以用黑铁桶装。（×）
6. "下竹钉"就是在木材裂缝处打下竹钉，防腻子松脱。
（✓）
7. 单宁是含在木材表面的一种有机鞣酸。（×）
8. 现代建筑贴金装饰中，金脚也可用黄色调和漆涂料。
（✓）
9. 亚麻籽油耐光性比桐油强。（×）
10. 色相、彩度、明度是色彩三要素。（✓）
11. 施工定额是施工企业为了组织生产，在内部使用的一种定额。（✓）
12. 工程量计算是编制施工图预算的重要环节。（✓）
13. 单层建筑物内带有部分楼层者，部分楼层不计算面积。
（×）
14. 普通钢筋混凝土的自重为 $25kN/m^3$。（✓）
15. 住宅建筑中，一般情况阳台活荷载取值比住宅楼面大。
（✓）
16. 现浇悬挑梁其截面高度一般为其跨度的1/4。（✓）
17. 影响梁抗剪力的因素中配筋率最大。（✓）
18. 绘图时如需要尺寸加大图纸的长短边都可加大。
（×）
19. 细实线线宽是0.5b。（×）
20. 配件及构造详图规定比例中最大可以到1∶200。（×）

二、选择题（每题1分共20分。将正确答案填在横线上）

1. 樟木板做荸荠色光漆时，在嵌披石膏腻子一应施涂一遍 __D__ 。

  A. 乙醇   B. 虫胶漆涂料

  C. 品红水   D. 米醋

2. 一般涂料施涂时，相对温度不宜__C__。
   A．＞80%　B．＜80%　C．＞60%　D．＜60%
3. 水泥腻子是由__A__组成。
   A．水泥加801胶　　　B．水泥加沙加水
   C．水泥加石灰加水　　D．水泥加石膏加桐油
4. __D__属于无机颜料。
   A．酞菁蓝　B．耐光黄　C．大红粉　D．镉红
5. 消色颜色是从白色红__B__。
   A．中性绿到深绿　　　B．中性灰到黑色
   C．中性粉红到红色　　D．中性淡黄到黄色
6. 桐油属于干性植物油，但__C__。
   A．不溶于有机溶剂　　B．溶于有机溶剂
   C．溶于水　　　　　　D．可单独使用
7. 沉降缝是用__D__嵌填的。
   A．水泥麻丝　　　　　B．石灰麻丝
   C．石膏麻丝　　　　　D．沥青麻丝
8. 在揩漆工艺中为减慢生漆干燥速度，可在生漆内加少许__B__。
   A．清油　B．鱼油　C．柴油　D．豆油
9. 彩画中，拉大粉是靠近金钱画一道白线，其工度为晕色的__D__。
   A．1/2　B．2/3　C．1/3　D．1/4
10. 樟丹、铅丹即__B__。
    A．铅油　B．红丹　C．樟油　D．光油
11. 工程预算造价正确与否，主要是看__A__。
    A．分项工程工程量的数量、预算定额基价。
    B．没有漏项，取费正确。
    C．分项工程量多少，材料差价计算。
    D．人工费的正确，材料差价正确。
12. 砌墙脚手架高__B__m以内按里架子计算。

A. 3.2　　B. 3.6　　C. 3.8　　D. 4.0
13. 砌砖墙、外墙长度，按外墙__B__长度计算。
    A. 轴线　　　　　　B. 中心线
    C. 外边线　　　　　D. 里边线
14. 钢筋半圆弯钩增加的长度，按钢筋直径的__B__计算。
    A. 6　　B. 6.25　　C. 7.2　　D. 8
15. 砖基础砌筑砂浆采用__A__。
    A. 水泥砂浆　　　　B. 石灰砂浆
    C. 混合砂浆　　　　D. 黏土砂浆
16. 在建筑结构中，所设置的变形缝需贯通整个结构的是__B__。
    A. 伸缩缝　　　　　B. 沉降缝
    C. 抗震缝　　　　　D. 温度缝
17. 木构架在制作时，按照规定应作__A__的起拱。
    A. 1/200　　　　　 B. 1/300
    C. 1/400　　　　　 D. 1/500
18. 下列材料中哪种为憎水材料__C__。
    A. 混凝土　B. 木材　　C. 沥青　　D. 砖
19. 以下材料中__D__为韧性材料。
    A. 砖　　B. 石材　　C. 混凝土　D. 木材
20. 石膏属于建筑材料的__C__材料。
    A. 天然　　B. 浇土　　C. 胶凝　　D. 有机

三、看图答题

如图 2.4.3-1、图 2.4.3-2，油漆工按摔网椽、构架平面图填写需油漆部分的名称。

答案填写在_____横线上面，有 2 个以上填下面。（每题 15 分共 30 分）

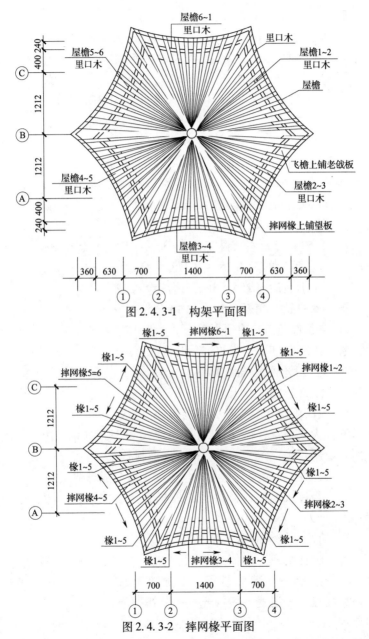

图 2.4.3-1 构架平面图

图 2.4.3-2 摔网椽平面图

四、计算题（每题10分，共20分）

1. 某古建工程作43个木门，宽1.2m，高2.4m，厚0.0466m，需锯干、湿木材多少立方米（干材系数0.25，湿材系数0.12）？

【解】总面积 $43 \times 1.2 \times 2.4 = 123.84 m^2$

　　　干材总数 $123.84 \times 0.0466 \times (1 + 0.25) = 7.22 m^3$

　　　湿材总数 $7.22 \times (1 + 0.12) = 8.09 m^3$

答：干材为 $7.22 m^3$，湿材为 $8.09 m^3$。

2. 某古建筑需涂刷378.6kg金粉漆涂料，其金粉含量35%油性清漆61%，现有金粉清漆涂料中含金粉52%，油性金漆48%，问需52%金粉漆涂料多少公斤？加清漆多少公斤？

【解】52%金粉漆涂料 $378.6 \times 35\% \div 52\% = 254.83 kg$

　　　清漆涂料 $254.83 - (378.6 \times 0.35) = 122.32 kg$

答：金粉漆涂料254.83kg，清漆涂料122.32kg。

五、简答题（每题8分，共40分）

1. 有机红色颜料有哪些？

答：甲苯胺红、立索尔红、对位红等。

2. 天然氧化铁颜料有哪些？

答：土红、棕红、土黄等。

3. 大漆施涂用具为什么不能用铁、铅等金属？

答：大漆与铁、铅等金属接触会产生化学反应而变黑，故施工用具要用竹、牛角、紫铜、铝、陶瓷制品。

4. 天然漆（大漆、生漆）经过加工可分成哪些漆？

答：经过人工制作，可制成原桶生漆、棉漆、广漆、堆光漆等。

5. 简述推光漆的施工程序？

答：物面处理──→撕缝、下竹钉──→涂底漆──→嵌填生漆腻子──→披麻──→满披腻子──→涂推光漆1~2度──→细磨──→涂面漆──→退光──→推光──→上蜡擦光。

2.4.4 职业资格鉴定试题

古建筑油漆工技师综合试卷（C）

一、判断题（每题 1 分共 20 分，对的在括号内打"√"，错的打"×"）

1. 古建筑油漆施工部分一般称作"地仗活"。（√）
2. 油漆、涂料工程没有单独的设计施工图。（√）
3. 红木楷漆涂染色时，水过稀而发生木纹模糊。（×）
4. 生漆是天然涂料，但不溶于水。（√）
5. 灰头匾额、抱柱对的木底板应光滑。（×）
6. "下竹钉"就是在木材裂缝内打下竹钉，防腻子松脱。（√）
7. 单宁是含在木材表面的一种有机鞣酸。（×）
8. 现代建筑贴金装饰中，金脚也可用黄色调和漆涂料。（√）
9. 亚麻籽油耐光性比桐油强。（√）
10. 色相、彩度、明度是色彩三要素。（√）
11. 平面、立面、剖面图的选用比例无什么规定。（×）
12. 图幅一共有五种尺寸。（√）
13. 框架结构的层数在非地震区可建 15~20 层。（√）
14. 建筑结构可分为混凝土、砌体、钢、木等四种结构。（√）
15. 单位工种：即指土建工程。（√）
16. 细实线线宽是 0.5b。（×）
17. 影响梁抗剪力的因素中配筋率最大。（×）
18. 现浇悬挑梁其截面高度一般为其跨度的 1/4。（×）
19. 单层建筑物内带有部分楼层者，部分楼层不计算面积。（×）
20. 工程量计算是编制施工图预算的重要环节。（√）

二、选择题（每题 1 分，共 20 分，将正确答案填在横线上）

1. 广漆施涂时，出现斑疤的原因是 __A__ 。

A. 嵌填腻子未打磨干净 B. 气候干燥
C. 气候潮湿 D. 催干剂多

2. 夏季熬炼桐油时，材料的重量配比是__B__（生桐油：土子粉：樟丹）。

A. 100∶7∶4 B. 100∶6∶5
C. 100∶8∶3 D. 100∶5∶2

3. 地灰腻子由__D__组成。

A. 石膏、血料、桐油 B. 清油、石灰、石膏
C. 丙酮、油漆、石膏 D. 油血料、砖灰

4. 将大漆涂料滴入纸上放在火上烧，出现__B__时是纯生漆涂料。

A. 无声 B. 有爆炸声
C. 有咝咝声 D. 有声或无声

5. 广漆干燥时，温度在25℃左右，相对湿度最佳为__D__。

A. 50%±5% B. 60%±5%
C. 70%±5% D. 80%±5%

6. 桐油属于干性植物油，但__C__。

A. 不溶于有机溶剂 B. 溶于有机溶剂
C. 溶于水 D. 可单独使用

7. 沉降缝是用__D__嵌填的。

A. 水泥麻丝 B. 石灰麻丝
C. 石膏麻丝 D. 沥青麻丝

8. 在揩漆工艺中为减慢生漆干燥速度，可在生漆内加少许__B__。

A. 清油 B. 鱼油 C. 柴油 D. 豆油

9. 彩画中，拉大粉是靠近金钱画一道白线，其工度为晕色的__D__。

A. 1/2 B. 2/3 C. 1/3 D. 1/4

10. 樟丹、铅丹即__B__。

A. 铅油 B. 红丹 C. 樟油 D. 光油

11. 砌墙脚手架高 __B__ m 以内按里架子计算。
    A. 3.2   B. 3.6   C. 3.8   D. 4.0
12. 钢筋半圆弯钩增加的长度，按钢筋直径的 __B__ 计算。
    A. 6   B. 6.25   C. 7.2   D. 8
13. 砖基础砌筑砂浆采用 __A__ 。
    A. 水泥砂浆　　　　B. 石灰砂浆
    C. 混合砂浆　　　　D. 黏土砂浆
14. 木构架在制作时，按照规定应作 __A__ 的起拱。
    A. 1/200   B. 1/300   C. 1/400   D. 1/500
15. 以下材料中 __D__ 为韧性材料。
    A. 砖   B. 石材   C. 混凝土   D. 木材
16. A3 图幅的长、宽尺寸为 __C__ 。
    A. 594mm×841mm　　B. 594mm×420mm
    C. 420mm×297mm　　D. 210mm×297mm
17. 中实线线宽是 __A__ 。
    A. 0.5b   B. 0.25b   C. 0.3b   D. 0.55b
18. 钢筋砖过梁内的钢筋，在支座内的锚固长度不小于 __C__ 。
    A. 420mm   B. 370mm   C. 240mm   D. 200mm
19. 挖土起点标高以 __B__ 为起点。
    A. 室内地坪标高　　B. 设计室外标高
    C. +0.00 标高　　　D. -0.00 标高
20. 平整场地工程是按建筑物底面积的外边线，每边各加 __B__ 计算。
    A. 3m   B. 2m   C. 4m   D. 2.5m

三、看图答题

如图 2.4.4-1、图 2.4.4-2，油漆工按摔网椽、构架平面图填写需油漆部分的名称。

答案填写在_____横线上面，有 2 个以上填下面。

（每题 15 分共 30 分）

127

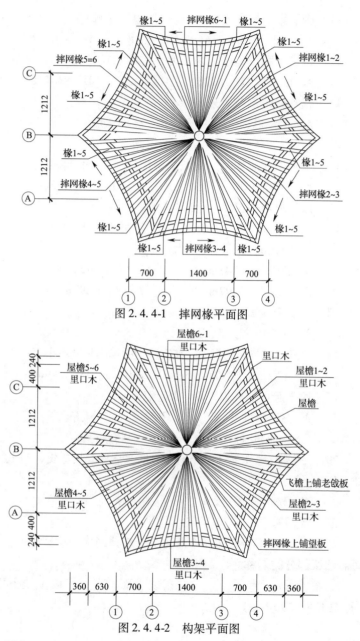

图 2.4.4-1 摔网椽平面图

图 2.4.4-2 构架平面图

四、计算题（每题 10 分，共 20 分）

1. 胶清腻子由熟石膏粉、老粉、油基清漆、107 胶水、水组成，其重量配比是 3.2∶1.6∶1∶2.5∶5，现需 200kg 胶清腻子，需各种材料多少公斤？

【解】设水为 $5X$，由题意得：

$3.2X + 1.6X + X + 2.5X + 5X = 200$

$X = 15.04 \text{kg}$

需熟石膏粉　　$3.2X = 48.12\text{kg}$

老粉　　　　　$1.6X = 24.06\text{kg}$

油基清漆　　　$X = 15.04\text{kg}$

107 胶　　　　$2.5X = 37.60\text{kg}$

水　　　　　　$5X = 75.20\text{kg}$。

答：需熟石膏粉 48.12kg，老粉 24.06kg，油基清漆 15.04kg，107 胶 37.60kg，水 75.20kg。

2. 某古建筑需涂刷 378.6kg 金粉漆涂料，其金粉含量 35% 油性清漆 61%，现有金粉清漆涂料中含金粉 52%，油性金漆 48%，问需 52% 金粉漆涂料多少公斤？加清漆多少公斤？

【解】52% 金粉漆涂料 $378.6 \times 35\% \div 52\% = 254.83\text{kg}$

　　　清漆涂料 $254.83 - (378.6 \times 0.35) = 122.32\text{kg}$

答：金粉漆涂料 254.83kg，清漆涂料 122.32kg。

五、简答题（每题 8 分，共 40 分）

1. 什么叫晕色？什么叫二色？

答：在各色原材料中加入白色，调配成各种浅色称为晕色，略深的称二色。

2. 无机红色颜料有哪些？

答：银硃、镉红、钼红。

3. 香色是如何配制的？

答：香色即土黄色，有深浅两种，配制时将调好的石黄加兑一些调好的银硃、佛青，再加入少许黑色即可调成。

4. 天然漆（大漆、生漆）经过加工可分成哪些漆？

答：经过人工制作，可制成原桶生漆、棉漆、广漆、堆光漆等。

5. 简述推光漆的施工程序？

答：物面处理——→撕缝、下竹钉——→涂底漆——→嵌填生漆腻子——→披麻——→满披腻子——→涂推光漆 1-2 度——→细磨——→涂面漆——→退光——→推光——→上蜡擦光。

2.5 古建筑石工技师

2.5.1 古建筑石工技师复习题

参考《中国古建筑瓦石营法》石作部分

一、问答题

1. 试述青白石的特征？

答：青白石是一种含义较广的名词，质地较硬，质感细腻，不易风化，多用于宫殿建筑，还可用于带雕刻的石活。青白石分：青石、白石、青石白碴、砖碴石、豆瓣绿、艾叶青等。

2. 试述汉白玉的特征？

答：汉白玉石料根据不同的质感，又分为水白、旱白、雪花白、青白四种。汉白玉洁白晶莹，质地较软，石纹细，使用于雕刻。多用于宫殿建筑中带雕刻的石活。与青白石相比，汉白玉更加漂亮，但强度及耐风化均不如汉白玉。

3. 试述花岗石特征？

答：花岗石种类很多，因产地和质感不同，有很多名称：南方出产的花岗石主要有麻石、金山石和焦石。北方出产的花岗石多称为豆渣石或虎皮石（呈黄褐色者称虎皮石）。花岗石质地坚硬，石纹粗糙，不易风化，适用于作台基、阶条、护岸、地面等。

4. 石料有哪些缺陷？

答：有裂缝、隐残、纹理不顺、污点、红白线、石瑕、石铁。凡有这些缺陷之一的石料，一般不选为主要用材。

5. 如何挑选石料？

答：在挑选石料时，应选将石料清洗干净，仔细观察有无上述缺陷，然后用铁锤敲打，如当当作响，即为无裂缝隐残之石，如作叭啦之声，则此石必有隐残。冬季不易选石。

6. 石工的传统工具有哪些？

答：錾子、楔子、扁子、刀子、锤子、斧子、剁斧、哈子、刹子、无齿锯、磨头，其它如尺子、弯子、墨斗、平尺、大锤、画签、线坠等。

7. 介绍面、肋、头、底面的含义？

答：石料在加工前的各部名称：

面：石料的大面； 肋：石料的两侧小面；
头：石料的两端小面； 底面：石料不露明的大面。

8. 介绍看面或好面、大面、小面、空头、好头、好石头的含义？

答：石料在加工时的各部名称：

看面或好面：石料的露明部分； 大面：石料面积大的一面；

小面：石料面积小的一面； 空头：石料的头不露明；
好头：石料的头是露明的； 好石头：一头为好头者整块石料称呼。

9. 试述石活安装时的名称叫法？

答：石活重叠垒砌，上下石料之间的接缝称"卧缝"，左右之间的接缝叫"立缝"，大面上头与头之间的接缝叫"头缝"，大面上的长边与石料或砖的接缝叫"并缝"，并缝与头缝又可称之为"围缝"。

10. 试述石料加工的手法？

答：有劈、截、凿、扁光、打道、刺点、砸花锤、剁斧、锯和磨光。

11. 石料表面加工的作法？

答：打道、砸花锤、剁斧、磨光、做细、做糙。

12. 糙、细道如何确定？何谓糙、细道？

糙、细道主要由道的密度来定，即在一寸长的宽度内有多少密度。打三道叫"一寸三"，打五道叫"一寸五"。"一寸三"和"一寸五"属糙道，"一寸七"和"一寸九"属细道。

13. "一寸十一道"以上做法属什么？

答：属非常讲究的作法，用于高级石活制品，如须弥座、陈设座等加工。

14. 对道有何要求？

答：无论糙道、细道，打出的效果应深浅一致，宽度相同，道顺而通畅，不许出现断道，道的方向应与条石方向相垂直，有时为了美观也可打成斜道、勾尺道、人字道、菱形道等。

15. 石料加工的基本程序是什么？

答：确定荒料、打荒、弹扎线，小面弹线、大面装线抄平、砍口、齐边、刺点或打道、扎线、打小面、截头、砸花锤、剁斧、打细道、磨光。上述工序随石料表面要求不同而改变。

16. 何谓剁斧？

答：剁斧应在砸花锤后进行，剁斧一般按"三遍斧"做法。建筑不甚讲究者，也可按"二遍斧作法"。"三遍斧"作法的，常在建筑即将竣工时才剁第三遍，这样可以保证石面干净。

17. 第一遍斧怎么剁？

答：只剁一次。剁斧时应较用力，举斧高度应与胸齐，斧印应均匀直顺，不得留有花锤印和錾印，平面凹凸不超过4mm。

18. 第二遍斧如何剁？

答：剁两次，第一次要斜剁，第二次要直剁，每次用力均应比第一遍斧稍轻，举斧高度应距石面20cm左右，斧印均匀直顺，深浅一致，不得留有第一遍斧印，石面凹凸不超过3mm。

19. 第三遍斧怎样剁？

答：剁三次，第一次向右上方斜剁，第二次向左上方斜剁，第三次直剁，第三遍斧所用斧子应较锋利，用力应较轻，举斧高度距石面约15cm，剁出的斧印细密、均匀、直顺，不得留有二遍斧的斧印，石面凹凸不超过2mm。

20. 何谓石雕？

答：按照传统，石作行业分成大石作和花石作（或称石匠）。石雕就是在石活表面上用平雕、浮雕或透雕的手法雕出各种花饰图案，通称"剔凿花活"。

21. 石雕常见于什么地方？

答：常见于须弥座、石栏杆、券脸、门鼓、抱鼓石、柱顶石、夹杆石、御路等。

22. 独立的石雕制品有哪些？

答：有石狮子、华表、陵寝中的石像生、石碑、石牌楼、石影壁、陈设座、焚帛炉等。

23. 石雕有哪些类别？

答：有平活即平雕，凿活即浮雕，深活即深浮雕，透活即透雕，圆身即立体雕。

24. 试述凿活一般程序？

答：凿活即浮雕，其一般加工程序有：

（1）画，较复杂的图案应先画在较厚的纸上叫"起谱子"。然后用针顺着图案花纹在纸上扎出许多针眼来，叫"扎谱子"。把纸贴在石面上，用棉花团等物沾红土粉，在针眼位置不断的拍打，叫"拍谱子"。这时图案痕迹就留在石面之上（事先在石面上用水洇湿）。再用笔将图纹描画清楚，叫"过谱子"。再用錾子沿线"穿"一遍，然后可以进行雕刻。

（2）打糙，根据"穿"出的图案把形象的雏形雕凿出来，叫打糙。

（3）见细，在打糙基础上，用笔将图案的某些局部画出来，并用錾子或扁子雕刻出来。图案细部也应在这时描画和剔凿出来。并扁光修净。

25. 试述圆身的程序？（以石狮子为例）

答：（1）出坯子：根据设计要求选择石料（包括品种、质量、规格）。石狮子分为四个部分，下部是须弥座、上部是蹲坐的狮子，一般要求，石须弥座高之比约 5∶14，须弥座长宽之比为 12∶7∶5。狮子长宽高之比为 12∶7∶14。与上述比例不符的多余部分应劈去。在传统雕刻中，石狮子往往不去详细描画，一般只简单确定一下比例关系就开始雕凿，形象全按艺人心中的默想去凿做。细部图案待凿出大致轮廓时才画上去。

（2）凿荒，又叫"出份儿"。根据比例关系，在石料上弹出须弥座和狮子大致轮廓，然后凿去线外多余部分。

（3）打糙，画出狮子和须弥座的两侧轮廓线，并画出狮子的腿胯（画骨架），然后沿着侧面轮廓线把外形凿打出来，并凿出腿胯基本轮廓。接着画前后面的轮廓线，然后按线凿出狮子的头脸、眉眼、身腿、肢股、脊骨、牙爪、绣带、铃铛、尾巴及须弥座基本轮廓，与此同时还要出凿"崽子"（小狮子），滚凿"绣球"，凿做"袱子"（即包袱）。凿时应先从上部开始。

（4）掏挖空当，进一步画出前后腿、小狮子和绣球的线条，并将后腿之间及腹部以下的空当掏挖出来，嘴部空当同时勾画掏挖出来。

（5）打细，将各细部雕凿清楚，可分批进行。前后用磨头、剁斧、扁子修理干净，即成品。

26．试述石料搬运的传统方法？

答：（1）抬运，扛抬是中小型石料搬运的常用方法，此法虽然费力，但简单易行。（如图 2.5.1-1）。

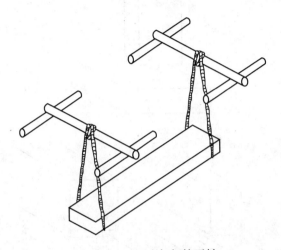

图 2.5.1-1　用木杠扛抬石料

（2）摆滚子，摆滚子搬运石料较省力，适用于较重石料的远距离搬运。滚子又叫滚杠，多为圆木或圆铁管。方法是，先用撬棍将石料的一端撬离地面，并把滚杠放在石料下面，然后用撬杠撬动石料，在石料挪动时，趁势将另一根滚杠放到石料下面，石料重可以多放几根滚杠。使石料搬运到目的地。

（3）点撬，全凭撬棍的点撬来挪动石料，此法适用于重石料，也适用于在较软的路面上进行，要求技术熟练。

（4）翻跤，将石料反复翻身打滚而向前移动，适用于长但不太厚的石料，如阶条石、台阶等。

27．石活安装有哪些连接方法式？

答：（1）自身连接，用作榫和榫窝；做缱绊；做仔口。（如图 2.5.1-2）。

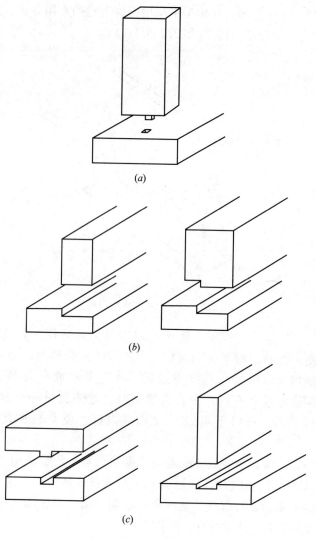

图 2.5.1-2　石活的自身连接
（a）榫卯连接；（b）"缝绊"相连；（c）用仔口连接

（2）铁活连接，用拉扯，用银锭，用扒锔。（如图 2.5.1-3）。

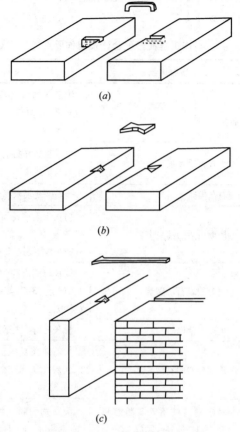

图 2.5.1-3 石活的铁活连接
（a）用"扒锔"连接；（b）用"银锭"连接；（c）用"拉扯"连接

28．如何稳固石活安装？

答：（1）铺灰坐浆，用于标高不严的石活。

（2）使用铁活，将石缝隙用铁刹塞实，在下端放托铁、压铁固定，高级做法，将石活上下在中间凿成透孔，用铁销穿透，并灌入铁水固定。

（3）灌浆，将石活找平、垫稳，然后将石缝用灰勾严，最后灌浆。

29. 试述石作工程灰浆配合比例制作要点？

答：见表 2.5.1-1。

石作工程灰浆配合比及制作要点　　　表 2.5.1-1

名称	主要用途	配合比及制作要点
大麻刀灰	小式石活勾缝锁口；石墙砌筑	泼浆灰加水（或青浆）调匀后掺麻刀搅匀，灰：麻刀 = 100：5~4
桃花浆	小式石活灌浆	白灰浆加好黏土浆，白灰：黏土 = 3：7 或 4：6（体积比）
生石灰浆	石活灌浆	生石灰块加水搅成浆状
籴籴浆	地面石活的铺垫坐浆	白灰浆或桃花浆中掺入碎砖，碎砖量为总量的 40%~50%，碎砖长度不超过 2~3cm
掺灰泥	地方建筑石活砌筑	泼灰与黄土拌匀后加水调匀，灰：黄土 = 3：7 或 4：6 或 5：5 等（体积比）
细石掺灰泥	大式石活砌筑	掺灰泥内掺入适量细石末
江米浆	重要建筑的石活灌浆	生石灰浆兑入江米浆和白矾水，灰：江米：白矾 = 100：0.3：0.33
油灰	宫殿建筑柱顶等安装灌浆，台基、勾拦等勾缝锁口	泼灰加面粉加桐油调匀，白灰：面粉：桐油 = 1：1：1
舱缝油灰	防水石活舱缝	油灰加桐油，油灰：桐油 = 0.7：1，如需舱麻，麻量为 0.13
麻刀油灰	叠石勾缝、石活防水勾缝	油灰内掺麻刀，用木棒砸匀，油灰：麻 = 100：3~5
血料灰	重要的桥梁、驳岸等水工建筑的砌筑	血料稀释后掺入灰浆中，灰：血料 = 100：7
盐卤浆	大式石活安装中的铁件固定	盐卤兑水再加铁面，盐卤：水：铁面 = 1：5~6：2

续表

名称	主要用途	配合比及制作要点
白矾水	小式石活铁件固定	白矾加水,应较稠
石膏浆	宫殿石活灌浆前的勾缝锁口	生石膏粉加水、加适量桐油,发胀适时后即可使用

30. 普通台基上的石活有哪些?

答:官式建筑的普通台基由土衬石、陡板石、埋头角柱、阶条石和柱顶石组成。(见图2.5.1-4)。

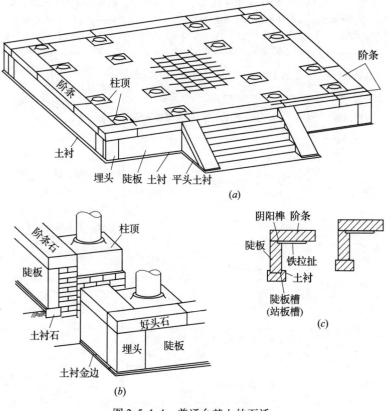

图 2.5.1-4　普通台基上的石活

(a) 普通台基示意;(b) 普通台基石活的组合;(c) 土衬石的两种做法

31. 台基的权衡尺度及石活尺寸?

答：见表2.5.1-2，见表2.5.1-3。

台基石活的权衡尺度　　　　　表2.5.1-2

		大 式	小 式	说 明
台明高	普通台明	1/5 檐柱高	1/5～1/7 檐柱高	1. 地势特殊者或因功能、群体组合等需要者，可酌情增减； 2. 月台、配房台明，应比正房矮"一阶"又叫一"踩"，即应矮一个阶条石的厚度；
	须弥座	1/5～1/4 檐柱高（有斗栱的，柱高应量至耍头）		
台明总长		通面阔加山出	通面阔加山出	1. 施工放线时应注意加放掰升尺寸； 2. 土衬总长应另加金边尺寸（1～2寸）
台明总宽		通进深加下檐出	通进深加下檐出	
下檐出（下出）		2/10～3/10 檐柱高	2/10 檐柱高	硬山、悬山以2/3上檐出为宜；歇山、庑殿以3/4上檐出为宜；如经常做为通道，可等于甚至大于上檐出尺寸
封后檐下出		1/2 檐柱径加 2/3～3/3 檐柱径加金边（约2寸）	1/2 檐柱径加 1/2～2/3 檐柱径加金边（约1寸）	
山出	硬山	外包金加金边（约2寸）	外包金加金边（约1寸）	
	悬山	2～2.5倍山柱径	2～2.5倍山柱径	
	歇山，庑殿	同下檐出尺寸		

台基石活尺寸　　　　　　表 2.5.1-3

项目		长	宽	高	厚	其他
土衬石		通长：台基通长加2倍土衬金边宽 每块长：无定	陡板厚加2倍金边宽 金边宽：大式宽约2寸 小式宽约1.5寸		同阶条厚。大式不小于5寸，小式不小于4寸，土衬露明：1~2寸，或与室外地坪齐。必要时也可全部露出	如落槽（落仔口），槽深1/10本身厚。槽宽稍大于陡板厚
陡板石		通长：台基通长减2倍角柱石宽。如无角柱者，等于台基通长 每块长：无定		台明高（土衬上皮至阶条石上皮）减阶条厚。土衬落槽者，应加落槽尺寸	1. 1/3本身高， 2. 同阶条厚	与阶条石、角柱石相挨的部位可做榫头，榫长0.5寸
埋头角柱（埋头）	如意埋头（混沌埋头）		同阶条石宽，或按墀头角柱减2寸算。厢埋头的两侧宽度相同	台明高减阶条厚。土衬落槽者，应再加落槽尺寸	同本身宽	侧面可做榫或榫窝与陡板连接
	琵琶埋头				1/3~1/2本身宽，或按阶条石厚	
	厢埋头					
阶条石		阶条总长：同台基通长尺寸	最小不小于1尺，最宽不超过下檐出尺寸（从台明外皮至柱顶石中）。以柱			大面可做泛水。泛水约为1/100~2/100； 台基上如安栏板柱子，阶条石上可落地栿槽
	好头石	尽间面阔加山出1份，2/10~3/10定长				

续表

项目		长	宽	高	厚	其他
阶条石	落心	等于各间面阔,尽间落心等于柱中至好头石之间的距离	顶外皮至台明外皮的尺寸为宜			大面可做泛水。泛水约为1/100～2/100; 台基上如安栏板柱子,阶条石上可落地袱槽
	两山条石	通长:两山台基通长减2份好头石宽 每块长:无定	硬山:1/2前檐阶条宽。周围廊歇山、庑殿及无山墙的悬山建筑:同前檐阶条宽。山面无廊的歇山、庑殿及有山墙的悬山建筑:可同前檐阶条,但一般不应大于山墙外皮至台明外皮的尺寸		大式:一般为5寸或按1/4本身宽; 小式:一般为4寸	
	后檐阶条石	长短不限,也可同前檐阶条石	一般可按前檐阶条宽,也可小于前檐阶条宽;老檐出形式的,不宜大于后檐墙外皮至台明外皮的尺寸		同前檐阶条厚	

续表

项目	长	宽	高	厚	其他
月台上滴水石	通长:月台通长减2份阶条宽每块长:无定	上檐出与下檐出之差乘1.5,成按阶条石宽		1/3本身宽或同阶条厚	大面可做泛水。泛水约为1/100~2/100;台基上如安栏板柱子,阶条石上可落地袱槽
柱顶石	大式:2倍柱径,见方;小式:2倍柱径减2寸,见方;鼓镜宽:约1.2倍柱径			大式:1/2本身宽,小式:1/3本身宽,但不小于4寸鼓镜高:1/10~1/5檐柱径	檐柱顶、金柱顶及山柱顶虽宽度不同,但厚度可相同
套顶下装板石(底垫石)	同柱顶			1~1/2柱顶厚	

32. 埋头种类有多少?

答:单埋头于与厢埋头;如意埋头与琵琶埋头;出角埋头与入角埋头。(见图2.5.1-5)

33. 何谓鼓镜?

答:柱顶石上高出的部分叫鼓镜。(见图2.5.1-7)

34. 何谓管脚?

答:在柱顶中间凿出榫窝,以安装柱子现代管脚榫,这个榫窝叫管脚。

35. 试述石须弥座的各部名称?

答:须弥座的基本构成(自下而上),土衬、圭角、下枋、下枭、束腰、上枭和上枋。(见图2.5.1-8)

143

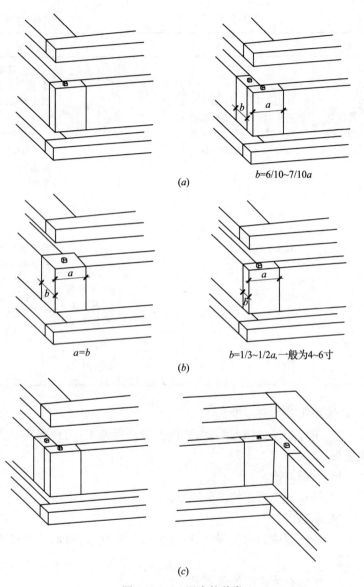

图 2.5.1-5 埋头的种类
(a)单埋头与厢埋头;(b)如意埋头(混沌埋头)与琵琶埋头;
(c)出角埋头与入角埋头

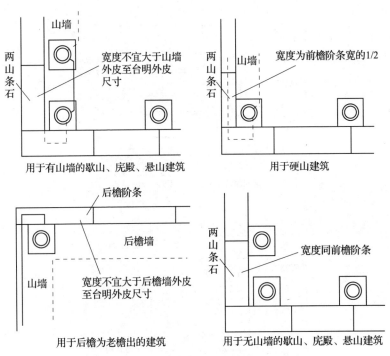

图 2.5.1-6 两山条石和后檐阶条石的宽度

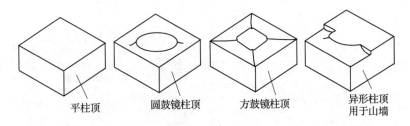

图 2.5.1-7 柱顶石的鼓镜

36. 须弥座的各部尺寸?（比例）

答:须弥座的各层高比例;须弥座全高一般为 1/5~1/4 柱高,特殊情况可酌情增减。在这个范围内各部尺寸见图 2.5.1-9 所示,表 2.5.1-4 所示。

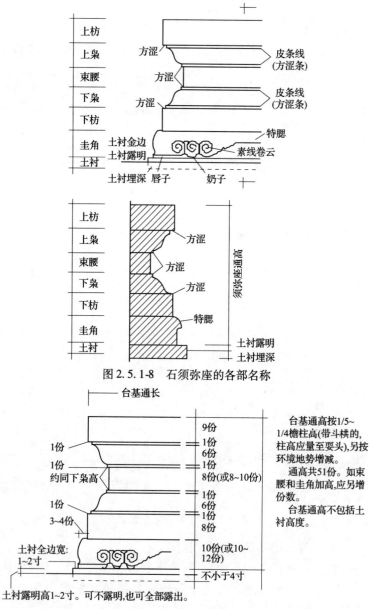

图 2.5.1-8 石须弥座的各部名称

图 2.5.1-9 石须弥座的各部尺度

石须弥座尺寸　　　　　　表 2.5.1-4

项目	长(出檐原则)	宽	高	说明
土衬	同圭角金边 1~2 寸	圭角宽加金边宽	4~5 寸 露明高：以 1~2 寸为宜。可不露明，也可超过 2 寸，但最高不超过本身高	1. 通高一般定为 51 份，如圭角和束腰需要增高时，应在 51 份之外另行增加； 2. 上、下枋可为双层，高度另加，其中靠近上、下枭的一层较高；
圭角	台基通长加 1/4~1/3 圭角高	3~5 倍本身高	10 份，可增至 12 份(土衬如做落槽，应再加 1 份落槽深)	
下枋	等于台基通长	2~2.5 倍圭角高	8 份	
下枭	台基通长减 1/10 圭角高	2~2.5 倍圭角高	8 份(包括 2 份皮条线)	
束腰	下枭通长减下枭高	2~2.5 倍圭角高	8 份可增至 10 份	
上枭	同下枭	2~2.5 倍圭角高	8 份(包括 2 份皮条线)	
上枋	同下枋	1. 不小于 1.4 倍柱径，不大于须弥座露明高； 2. 无柱者，不小于 3 倍本身厚	9 份	

续表

项目		长(出檐原则)	宽	高	说明
角柱石			宽:约为3/5本身高 厚:或同本身宽,或为1/3~1/2本身宽	上枋至圭角之间的距离	
龙头	四角大龙头	总长:10/3挑出长 挑出长:约同角柱石宽	等于或大于角柱斜宽	大龙头高:角柱宽≈2.5:3 应大于上枋与勾栏地栿的总高度	带勾栏的须弥座,上枋表面可落地栿槽
	正身小龙头	总长:5/2挑出或按后口与上枋里棱齐计算 挑出长:约为2.5/3大龙头挑出长	小龙头宽:望柱宽=1:1	小龙头高:略大于本身宽	

37. 试述须弥座种类?

答:普通须弥座:不做双层或三台式,不带雕刻,无栏板柱子和龙头(图2.5.1-8)。

勾栏须弥座:带有栏板柱子的须弥座,用于宫殿建筑(见图2.5.1-10)。

带龙头须弥座:在须弥座上枋部位,勾栏柱子之下,安放挑出的石雕龙头。又叫螭首,俗称喷水兽。(见图2.5.1-11)

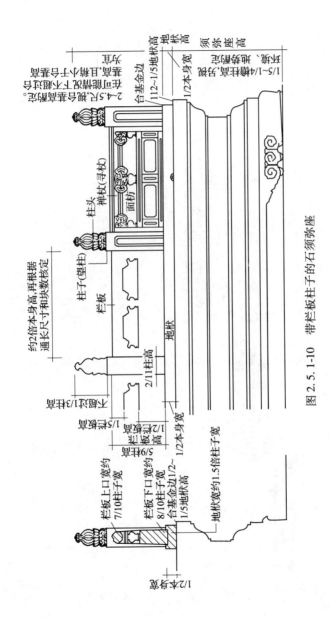

图 2.5.1-10 带栏板柱子的石须弥座

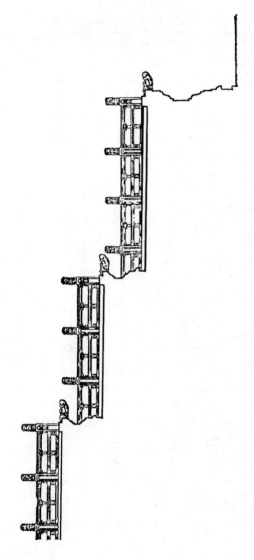

图 2.5.1-11 "三台"须弥座剖面

38. 门石、槛石尺寸?

答:见表 2.5.1-5。

39. 何谓门鼓石,用于宅院的大门内(见图 2.5.1-12)。

门石、槛石尺寸　　　　表 2.5.1-5

项目		长	宽	厚或高
槛垫石	通槛垫	面阔减柱顶宽	一般应按柱顶石宽,最小不小于3倍门槛宽,次间槛垫可比明间槛垫窄	1/2～1/3 本身宽或同阶条石厚
	掏当槛垫	面阔减柱顶宽及过门石宽	一般应按柱顶石宽,最小不小于3倍门槛宽,次间槛垫可比明间槛垫窄	1/2～1/3 本身宽或同阶条石厚
	廊门桶槛垫(卡子石)	金柱顶外皮至檐柱顶里皮	柱顶里皮至两山条石里皮	同阶条石厚
过门石	明间	不小于2.5倍本身宽	不小于1.1柱顶石宽	3/10 本身宽或同阶条石厚
	次间	次间:明间≈3:4	不小于1.1柱顶石宽	
分心石(辇路石)		阶条石里皮至槛垫石外皮	1/3～2/5 本身长或按1.5倍金柱顶宽	3/10 本身宽或同阶条石厚
拜石(如意石)		2～3倍本身宽	1/3～1/4 面阔	3/10 本身厚
门枕石		2倍本身宽,再加门槛高1份	本身高加2寸	7/10 门槛高
门鼓石	圆鼓子	2～2.5尺	7～9寸	2.2～2.8尺(门枕高6寸)
	方鼓子(幞头鼓子)	1.6～2尺	5～7寸	1.4～2尺(门枕高5寸)
滚墩石	垂花门滚墩石	比垂花门木架的2步架长度少1尺	1.6～2倍柱径	1/3～14 门口高
	影壁滚墩石	6/10 影壁高	6/10 本身高	小于1/2 本身长

151

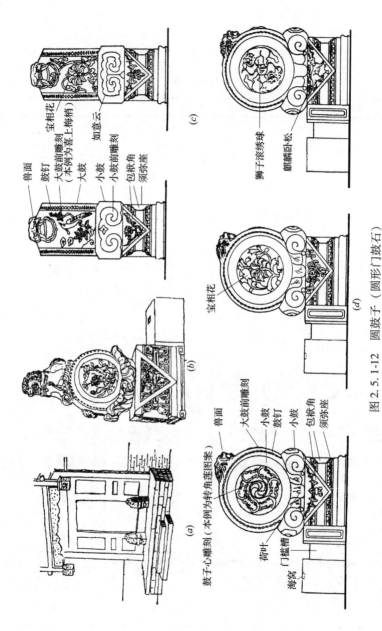

图 2.5.1-12 圆鼓子（圆形门鼓石）
(a) 门鼓石示意；(b) 圆鼓子侧面；(c) 圆鼓子正面；(d) 地方作法的门鼓石

40. 何谓栏板柱子?

答:栏板柱子又叫栏板望柱,即石栏杆,宋代称"勾栏"。栏板柱子既有拦护的实用功能,又有建筑上装饰作用。(见图2.5.1-13)

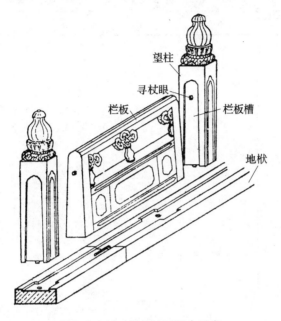

图2.5.1-13 栏板柱子组合示意

41. 栏板柱子尺寸?

答:见表2.5.1-6。

42. 按照图2.5.1-14勾画出雕刻草图。用铅笔(HB或B)徒手画出草图。

43. 何谓台阶?

答:台阶俗称"阶脚",南方称"阶沿"。

44. 台阶种类有多少?

答:有九种:称"踏跺"。垂带踏跺、(图2.5.1-15),如意踏跺(图2.5.1-16),御路踏跺(图2.5.1-17),单踏跺(图2.5.1-18),连三踏跺(图2.5.1-19),带垂手的踏跺(图

2.5.1-20)，抄手踏跺（图 2.5.1-18），莲瓣三和莲瓣五，有三层或五层的垂带踏跺。云步踏跺（图 2.5.1-21）。

栏板柱子尺寸　　　　　　　　　表 2.5.1-6

项目	长	宽	高	其他
地栿（长身地栿）	通长：等于台明 通长减 1~1/2.5 地栿高 每块长：无定	地栿宽：望柱宽≈1.5:1 落槽（仔口）宽：等于望柱宽	地栿高：地栿宽=1:2 落槽（仔口）深：不超过1/10本身高	地栿落榫内凿榫窝，地栿下应凿过水沟
柱子（长身柱子）		望柱宽（见方）；望柱高≈2:11；栏板槽宽等于栏板宽，槽深不超过1/10本身宽	全高：2~4.5 尺，视台基高酌定，在可能情况下不超过台基高，但台基超过1.5或低于0.8米时，可不受台基高的限制 柱头高：约1/3 全高 多层须弥座望柱高：（1）高度约为最上层须弥座高的 7/8；（2）各层望柱高可相等	望柱底面要凿榫头，榫头宽为 3/10 望柱宽，榫头长约等于宽。栏板槽内应凿出榫窝，以备安装栏板榫头。

续表

项目	长	宽	高	其他
栏板 （长身栏板）	露明长：高≈2:1 根据实际通长和块数决定长度	栏板下口厚：8/10 望柱宽；栏板上口厚：6/10~7/10 望柱宽	栏板高：望柱高=5:9 面枋高：栏板高≈5:10 禅杖厚：栏板高≈2:10	每块长度应另加栏板槽深尺寸。栏板两端应做榫，榫头长约为0.5寸
垂带上地栿 （斜地栿）	通长：垂带长加上枋金边（1/2~1/5 地栿厚）再减垂带金边（1~2 倍上枋金边） 每块长：无定	同长身地栿	斜高同长身地栿高	地栿槽内应凿栏板和柱子的榫窝
垂带上柱子		同长身柱子宽	短边高等于长身望柱高	榫头规格同长身望柱榫头规格。栏板槽内应凿出榫窝，以备安装栏板榫头
垂带上栏板	约同长身栏板长，根据实际通长及块数合算	同长身栏板	斜高同长身栏板高	如只有一块栏板，且长度较短，可只凿出两个净瓶（均为半个）
抱鼓	1/2~1 份栏板长	同栏板	同垂带上栏板	

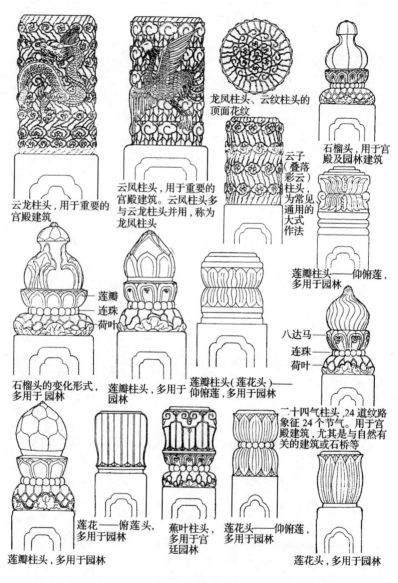

图 2.5.1-14 草图

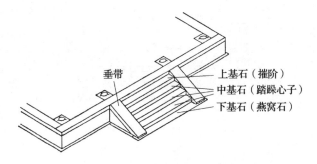

图 2.5.1-15 垂带踏跺示意图

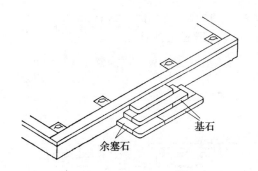

图 2.5.1-16 如意踏跺示意图

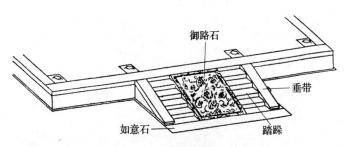

图 2.5.1-17 御路踏跺示意图

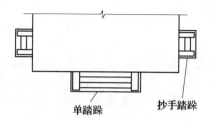

图 2.5.1-18　单踏跺与抄手踏跺示意图

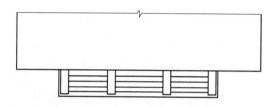

图 2.5.1-19　连三踏跺示意图

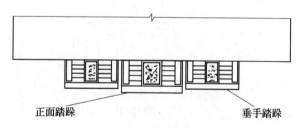

图 2.5.1-20　带垂手的踏跺示意图

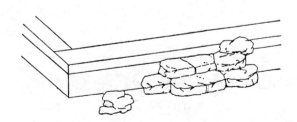

图 2.5.1-21　云步踏跺示意图

45．踏跺由什么组成？

答：燕窝石、上基石、中基石、如意石、平头土衬、垂带、象眼、御路石组成。

46．台阶尺度及单件尺寸？

答：见表2.5.1-7。

台阶单件尺寸　　　　表2.5.1-7

项目	长	宽	厚	其他
平头土衬	台基土衬外皮至燕窝石里皮	同台基土衬宽，金边同台基土衬金边宽	同台基土衬厚，露明高同台基土衬露明高	
垂带踏跺与御踏跺的上基石、中基石	垂带之间的距离（御路踏跺减去御路石宽）	大式：1~1.5尺 小式：0.85~1.3尺以1~1.1尺为宜	小式约4寸，大式约5寸。如做缩绊，再加缩绊1寸	1．如做泛水，高度另加； 2．如为带垂手的踏跺，正面踏跺厚可比垂手踏跺稍薄，以保证正面踏跺的层数比垂手踏跺多一层； 3．燕窝石上的垂带窝深约1寸
燕窝石	踏跺面阔加2份平头土衬的金边宽度	同上基石宽度垂带前金边宽：1~1.5倍土衬金边	同上基石厚，露明高同台基土衬露明高	
踏跺前如意石	同燕窝石长	1.5~2倍上基石宽	3~4/10本身宽	
垂带	阶条外皮至燕窝石金边	同阶条石宽 小式：可略大于阶条宽 大式：如果阶条较宽，可小于阶条，一般约为5：7	斜高同阶条石厚 台基为须弥座者，垂带斜高同上基石露明高	

续表

项目	长	宽	厚	其他
御路石	阶条（或上枋）外皮至燕窝石外皮	宽：长≈3∶7	约3/10本身宽	
如意踏跺	最宽处同踏跺面阔，每层退进2倍踏跺宽	1.1~1.3尺	大式约5寸 小式约4寸	如有泛水，高度另加
礓磜	同面阔	每路礓磜宽3~4寸，每块石料宽窄不限	同垂带厚	
象眼	台明外皮至垂带巴掌里皮	高：按台明高减阶条厚	按1/3本身宽或同陡板厚	

二、计算题（每题10分共20分）

1. 有一石栏杆贯通河岸全长1.5km，平高1.5m，其平均厚度0.2m。问需要多少石料？（m^2/2.5t）

【解】$1500 × 1.5 × 0.2 × 2.5t = 450 m^2 × 2.5t = 1125t$

答：需要石料1125t。

2. 有一石牌坊占地15m^2，平均高度8m，约需多少石料？（m^2/2.5t）

【解】$15 × 8 × 2.5t = 120 m^2 × 2.5t = 300t$

答：需石料300t。

2.5.2 职业资格鉴定试题

古建筑石工技师综合试卷（A）

一、判断题（每题 1 分共 20 分。对的打"√"，错的打错"×"）

1. 青白石质硬而细腻。　　　　　　　　　　　　　（√）
2. 汉白玉质软纹粗。　　　　　　　　　　　　　　（×）
3. 宫殿建筑石活雕刻多数用汉白玉。　　　　　　　（√）
4. 花岗石质坚硬纹粗不易风化。　　　　　　　　　（√）
5. 缺陷之石料一般不用于主要地方。　　　　　　　（√）
6. 选石一年四季都可进行。　　　　　　　　　　　（×）
7. 凿子是石工主要工具之一。　　　　　　　　　　（×）
8. 石料加工手法有 10 种。　　　　　　　　　　　（√）
9. 左右石料之间的接缝叫"卧缝"。　　　　　　　（×）
10. 从一寸三到一寸五属细道。　　　　　　　　　（×）
11. 施工图预算就是施工预算。　　　　　　　　　（×）
12. 单位工程：即指土建工程。　　　　　　　　　（√）
13. 定额直接费是由人工费和材料费组成。　　　　（×）
14. 建筑结构可分为混凝土、砌体、钢、木等四种结构。
　　　　　　　　　　　　　　　　　　　　　　（√）
15. 钢筋混凝土结构主要是混凝土、钢筋任意都可以。
　　　　　　　　　　　　　　　　　　　　　　（×）
16. 框架结构的层数在非地震区可建 15～20 层。　（√）
17. 脆性材料抗压强度与抗拉强度均较高。　　　　（×）
18. 图幅一共有五种尺寸。　　　　　　　　　　　（√）
19. 粗实线线宽用"b"代表。　　　　　　　　　　（√）
20. 平面、立面、剖面图的选用比例无什么规定。　（√）

二、选择题（每题 1 分共 20 分。正确答案填在横线上）

1. 高级石活打道都在　D　道以上。

A. 一寸三　　　　　　　　　　B. 一寸五
  C. 一寸七　　　　　　　　　　D. 一寸十一
2. 剁斧应在__A__进行。
   A. 砸花锤后　　　　　　　　B. 砸花锤前
   C. 任意时候　　　　　　　　D. 打细道后
3. 第三遍斧，剁__C__次。
   A. 1　　　B. 2　　　C. 3　　　D. 4
4. 石活雕刻手法有__A__种。
   A. 5　　　B. 4　　　C. 3　　　D. 2
5. 须弥座全高一般为__A__柱高。
   A. 1/6～1/7　　　　　　　　B. 1/5～1/4
   C. 1/3～1/2　　　　　　　　D. 1/9～1/8
6. 圆身的程序有__B__道。
   A. 5　　　B. 4　　　C. 3　　　D. 2
7. 重要宫殿的须弥座采用__C__做法。
   A. 二　　　B. 五　　　C. 三　　　D. 一
8. 台阶种类有__D__种。
   A. 六　　　B. 七　　　C. 八　　　D. 九
9. 宋代称栏板柱子为__B__。
   A. 台柱　　B. 勾栏　　C. 护栏　　D. 围栏
10. 踏跺有__A__石活组成。
    A. 7　　　B. 6　　　C. 5　　　D. 4
11. A3图幅的长、宽尺寸为__C__。
    A. 594mm×841mm　　　　　B. 594mm×420mm
    C. 420mm×297mm　　　　　D. 210mm×297mm
12. 中实线线宽是__A__。
    A. 0.5b　　B. 0.25b　　C. 0.3b　　D. 0.55b
13. 折断线线宽是__B__。
    A. 0.5b　　B. 0.25b　　C. 0.3b　　D. 0.55b
14. 对有防震要求的砖砌体结构房屋，其砖砌体的砂浆强度等级不低于__B__。

A. M2　　B. M5　　C. M3　　D. M4

15．为提高梁的抗剪能力，在梁内可增设__B__。

A. 纵筋　　B. 箍筋　　C. 腰筋　　D. 架列筋

16．钢筋砖过梁内的钢筋，在支座内的锚固长度不小于__C__。

A. 420mm　　B. 370mm　　C. 240mm　　D. 200mm

17．硅酸盐水泥强度等级有__B__个。

A. 4　　B. 6　　C. 7　　D. 8

18．挖土起点标高以__B__为起点。

A. 室内地坪标高　　　　B. 设计室外标高
C. +0.00 标高　　　　　D. -0.00 标高

19．平整场地工程是按建筑物底面积的外边线，每边各加__B__计算。

A. 3m　　B. 2m　　C. 4m　　D. 2.5m

20．工程直接费由__A__组成。

A. 定额直接费、其他直接费、现场经费
B. 人工费、材料费、机械费
C. 季节施工增加费、夜间施工增加费
D. 多次搬运费、节日加班费、其他费

三、作图（30分）用 **HB** 铅笔徒手画出图 2.5.1-14 中任意一幅图样。

四、计算题（每题10分共20分）

1．有一石栏杆贯通河岸全长1.5km，平高1.5m，其平均厚度0.2m。问需要多少石料？

【解】$1500 \times 1.5 \times 0.2 \times 2.5t = 450m^2 \times 2.5t = 1125t$

答：需石料1125t。

2. 有一石牌坊占地 $15m^2$，平均高度 8m，约需要多少石料？

【解】 $15 \times 8 \times 2.5t = 120m^2 \times 2.5t = 300t$

答：需石料 300t。

五、简答题：（每题 8 分共 40 分）

1. 青白石分哪些种类？

答：青石、白石、青白石碴、砖碴石、豆瓣绿、艾叶青等六种。

2. 石料有哪些缺陷？

答：有裂缝、隐残、纹理不顺、污点、红白线、石瑕、石铁。

3. 何谓石雕？

答：按照传统，石作行业分成大石作和花石作（或称石匠）。石雕就是在石活表面上用平雕、浮雕、透雕的手法雕出各种花饰图案，通称"剔凿花活"。

4. 石雕常用于什么地方？

答：常用于须弥座、石栏杆、券脸、门鼓、抱鼓石、柱顶石、夹杆石、御路等地方。

5. 试述须弥座种类名称？

答：普通须弥座、勾栏须弥座、带龙头须弥座、多层须弥座。

2.5.3 职业资格鉴定试题

古建筑石工技师综合试卷（B）

一、判断题（每题 2 分，对的打"√"，错的打"×"）

1. 金山石、焦山石即花岗石。 （√）
2. 裂缝和隐残是一样的缺陷。 （×）
3. 石料两侧小面称"肋"。 （√）
4. 并缝与头缝又可称为"围缝"。 （√）
5. 打道有糙道和细道之分。 （√）
6. "扎谱子"是在纸上画图案。 （×）

7. 石活固定只用灌浆就可以。　　　　　　　（×）
8. 埋头种类有六种。　　　　　　　　　　　（√）
9. 鼓石俗称门鼓子。　　　　　　　　　　　（√）
10. 台阶南方称"阶沿"。　　　　　　　　　（√）
11. 施工定额是施工企业为了组织生产，在内部使用的一种定额。　　　　　　　　　　　　　　　　　　　　（√）
12. 工程量计算是编制施工图预算的重要环节。（√）
13. 单层建筑物内带有部分楼层者，部分楼层不计算面积。
　　　　　　　　　　　　　　　　　　　　（×）
14. 普通钢筋混凝土的自重为 $25kN/m^3$。　（√）
15. 住宅建筑中，一般情况阳台活荷载取值比住宅楼面大。
　　　　　　　　　　　　　　　　　　　　（√）
16. 现浇悬挑梁其截面高度一般为其跨度的 1/4。（√）
17. 影响梁抗剪力的因素中配筋率最大。　　　（√）
18. 绘图时如需要尺寸加大图纸的长短边都可加大。（×）
19. 细实线线宽是 0.5b。　　　　　　　　　（×）
20. 配件及构造详图规定比例中最大可以到 1∶200。（×）

二、选择题（每题 1 分共 20 分。正确答案填在横线上）

1. 大麻刀灰比例是　A　。
   A. 100∶(5~4)　　　　B. 100∶(7~6)
   C. 100∶(8~7)　　　　D. 100∶(9~8)
2. 油灰比例是　B　。
   A. 1∶2∶2　B. 1∶1∶1　C. 1∶3∶4　D. 1∶3∶3
3. 普通台明（大式）为　B　檐柱高。
   A. 1/4　　B. 1/5　　C. 1/6　　D. 2/5
4. 石料两端小面称　C　。
   A. 面　　　B. 肋　　　C. 头　　　D. 底
5. 第三遍剁斧，第二次要　A　。
   A. 斜剁　　B. 深剁　　C. 浅剁　　D. 直剁
6. 石须弥座高与狮子高之比应　A　。

165

A. 5∶14　　B. 6∶10　　C. 5∶10　　D. 6∶12

7. 须弥座由__D__部分组成。

　　A. 4　　　B. 5　　　C. 6　　　D. 7

8. 宫殿须弥座。大多为__B__层。

　　A. 单　　　B. 双　　　C. 三　　　D. 四

9. 台阶种类有__C__种。

　　A. 7　　　B. 8　　　C. 9　　　D. 10

10. 踏垛由__A__部分组成。

　　A. 7　　　B. 6　　　C. 5　　　C. 4

11. 工程预算造价正确与否，主要是看__A__。

　　A. 分项工程工程量的数量、预算定额基价。

　　B. 没有漏项，取费正确。

　　C. 分项工程量多少，材料差价计算。

　　D. 人工费的正确，材料差价正确。

12. 砌墙脚手架高__B__M以内按里架子计算。

　　A. 3.2　　B. 3.6　　C. 3.8　　D. 4.0

13. 砌砖墙、外墙长度，按外墙__B__长度计算。

　　A. 轴线　　　　　　B. 中心线

　　C. 外边线　　　　　D. 里边线

14. 钢筋半圆弯钩增加的长度，按钢筋直径的__B__计算。

　　A. 6　　B. 6.25　　C. 7.2　　D. 8

15. 砖基础砌筑砂浆采用__A__。

　　A. 水泥砂浆　　　　B. 石灰砂浆

　　C. 混合砂浆　　　　D. 黏土砂浆

16. 在建筑结构中，所设置的变形缝需贯通整个结构的是__B__。

　　A. 伸缩缝　　　　　B. 沉降缝

　　C. 抗震缝　　　　　D. 温度缝

17. 木构架在制作时，按照规定应作__A__的起拱。

A．1/200　　B．1/300　　C．1/400　　D．1/500
18. 下列材料中哪种为憎水材料 C 。
　　A．混凝土　B．木材　　C．沥青　　D．砖
19. 以下材料中 D 为韧性材料。
　　A．砖　　　B．石材　　C．混凝土　D．木材
20. 石膏属于建筑材料的 C 材料。
　　A．天然　　B．浇土　　C．胶凝　　D．有机

三、作图（30分）用HB铅笔徒手画出书308页图6-43（1）中任意一幅图样。

四、计算题（每题10分共20分）

1. 有一石栏杆贯通河岸全长1.5km，平高1.5m，其平均厚度0.2m。问需要多少石料？

【解】 $1500 \times 1.5 \times 0.2 \times 2.5t = 450m^2 \times 2.5t = 1125t$

答：需要石料1125t。

2. 有一石牌坊占地15m²，平均高度8m，约需要多少石料？

【解】 $15 \times 8 \times 2.5t = 120m^2 \times 2.5t = 300t$

答：需要石料300t。

五、简答题（每题8分共40分）

1. 何谓栏板柱子？

答：栏板柱子又叫栏板台柱，即石栏杆，宋代称"勾栏"，既有拦护的实用功能，又有建筑装饰作用。

2. 何谓带龙头须弥座？

答：在须弥座上枋部位，勾栏柱子之下，安放挑出的石雕龙头，又叫螭首，俗称喷水兽。

3. 何谓"拍谱子"？

答：把"扎谱子"后的纸贴在石面上，用棉花团等物沾红土粉，在针眼位置不断拍打，叫"拍谱子"。

4. 试述石料加工的手法?

答:有劈、截、凿、扁光、打道、刺点、砸花锤、剁斧、锯和磨光。

5. 石活安装稳固方法有哪几种?

答:有三种:(1)铺灰住浆;(2)使用铁活;(3)灌浆。

2.5.4 职业资格鉴定试题

古建筑石工技师综合试卷(C)

一、判断题(每题 1 分共 20 分。对的打"√",错的打错"×")

1. 青白石质硬而细腻。 (√)
2. 汉白玉质软纹粗。 (×)
3. 宫殿建筑石活雕刻多数用汉白玉。 (√)
4. 花岗石质坚硬纹粗不易风化。 (√)
5. 缺陷之石料一般不用于主要地方。 (√)
6. "扎谱子"是在纸上画图案。 (×)
7. 石活固定只用灌浆就可以。 (×)
8. 埋头种类有六种。 (√)
9. 鼓石俗称门鼓子。 (√)
10. 台阶南方称"阶沿"。 (√)
11. 平面、立面、剖面图的选用比例无什么规定。 (×)
12. 图幅一共有五种尺寸。 (√)
13. 框架结构的层数在非地震区可建 15-20 层。 (√)
14. 建筑结构可分为混凝土、砌体、钢、木等四种结构。

(√)
15. 单位工种:即指土建工程。 (√)
16. 细实线线宽是 0.5b。 (×)
17. 影响梁抗剪力的因素中配筋率最大。 (×)
18. 现浇悬挑梁其截面高度一般为其跨度的 1/4。 (×)

19. 单层建筑物内带有部分楼层者,部分楼层不计算面积。
 (×)
20. 工程量计算是编制施工图预算的重要环节。 (√)

二、选择题（每题 1 分,共 20 分。正确答案填在横线上）
1. 高级石活打道都在　D　道以上。
    A. 一寸三　　　　　　　B. 一寸五
    C. 一寸七　　　　　　　D. 一寸十一
2. 剁斧应在　A　进行。
    A. 砸花锤后　　　　　　B. 砸花锤前
    C. 任意时候　　　　　　D. 打细道后
3. 第三遍斧,剁　C　次。
    A. 1　　　B. 2　　　C. 3　　　D. 4
4. 石活雕刻手法有　A　种。
    A. 5　　　B. 4　　　C. 3　　　D. 2
5. 须弥座全高一般为　A　柱高。
    A. 1/6~1/7　　　　　　B. 1/5~1/4
    C. 1/3~1/2　　　　　　D. 1/9~1/8
6. 石须弥座高与狮子高之比应　A　。
    A. 5:14　　B. 6:10　　C. 5:10　　D. 6:12
7. 须弥座由　D　部分组成。
    A. 4　　　B. 5　　　C. 6　　　D. 7
8. 宫殿须弥座。大多为　B　层。
    A. 单　　　B. 双　　　C. 三　　　D. 四
9. 台阶种类有　C　种。
    A. 7　　　B. 8　　　C. 9　　　D. 10
10. 踏跺由　A　部分组成。
    A. 7　　　B. 6　　　C. 5　　　C. 4
11. 砌墙脚手架高　B　m 内按里架子计算。
    A. 3.2　　B. 3.6　　C. 3.8　　D. 4.0
12. 钢筋半圆弯钩增加的长度,按钢筋直径的　B　计算。

A. 6　　　B. 6.25　　　C. 7.2　　　D. 8

13. 砖基础砌筑砂浆采用__A__。
    A. 水泥砂浆　　　　B. 石灰砂浆
    C. 混合砂浆　　　　D. 黏土砂浆

14. 木构架在制作时，按照规定应作__A__的起拱。
    A. 1/200　　B. 1/300　　C. 1/400　　D. 1/500

15. 以下材料中__D__为韧性材料。
    A. 砖　　　B. 石材　　　C. 混凝土　　　D. 木材

16. A3图幅的长、宽尺寸为__C__。
    A. 594mm×841mm　　　　B. 594mm×420mm
    C. 420mm×297mm　　　　D. 210mm×297mm

17. 中实线线宽是__A__。
    A. 0.5b　　B. 0.25b　　C. 0.3b　　D. 0.55b

18. 钢筋砖过梁内的钢筋，在支座内的锚固长度不小于__C__。
    A. 420mm　　B. 370mm　　C. 240mm　　D. 200mm

19. 挖土起点标高以__B__为起点。
    A. 室内地坪标高　　　　B. 设计室外标高
    C. +0.00标高　　　　　D. -0.00标高

20. 平整场地工程是按建筑物底面积的外边线，每边各加__B__计算。
    A. 3m　　B. 2m　　C. 4m　　D. 2.5m

三、作图（30分），用HB铅笔徒手画出图2.5.1-14中任意一幅图样。

四、计算题（每题10分共20分）

1. 有一石栏杆贯通河岸全长1.5km，平高1.5m，其平均厚度0.2m。问需要多少石料？

【解】 $1500 \times 1.5 \times 0.2 \times 2.5t = 450m^2 \times 2.5t = 1125t$

答：需要石料1125t。

2. 有一石牌坊占地15m²，平均高度8m，约需要多少石料？

【解】 $15 \times 8 \times 2.5t = 120m^2 \times 2.5t = 300t$

答：需要石料300t。

五、简答题（每题8分共40分）

1. 青白石分哪些种类？

答：青石、白石、青白石碴、砖碴石、豆瓣绿、艾叶青等六种。

2. 石料有哪些缺陷？

答：有裂缝、隐残、纹理不顺、污点、红白线、石瑕、石铁。

3. 何谓石雕？

答：按照传统，石作行业分成大石作和花石作（或称石匠）。石雕就是在石活表面上用平雕、浮雕、透雕的手法雕出各种花饰图案，通称"剔凿花活"。

4. 试述石料加工的手法？

答：有劈、截、凿、扁光、打道、刺点、砸花锤、剁斧、锯和磨光。

5. 石活安装稳固方法有哪几种？

答：有三种：（1）铺灰注浆；（2）使用铁活；（3）灌浆。

第 3 部分

技能考试实样

说　　明

作为古建筑工人申报技师职业资格，在技能方面的考核鉴定，我们按照历年来的实样图例后，供申报者，鉴定部门的参考。

图 3-1，梁架，这里是走廊的廊架，供木工、油漆工技能实考项目。

图 3-2，木雕，木雕工技能实考项目。

图 3-3，彩绘，彩绘工技能实考项目。

图 3-4，假山小品，假山工技能实考项目。

图 3-5，戗角，主要是瓦工实考项目，俗称发戗。

图 3-6，挂落（宫式、葵式两种）木工技能实考项目。

图 3-7，砖细栏杆，砖细工实考项目，哺鸡脊、纹头脊、瓦工技能实考项目。

图 3-8，铺地大样，铺地（砌街）工技能实考项目。

图 3-9，六角亭，木工、瓦工、砖细工、石工、油漆工技能实考项目。

图 3-10，长窗，木工技能实考项目。

图 3-11，六角亭平面，木屋架仰视图，同图 3-9。

图 3-12，滚筒五瓦条正脊，瓦工技能实考项目。

图 3-13，短窗，木工技能实考项目。

图 3-14，挂落大样，同图 3-6。

图 3-15，木栏杆，木工技能实考项目。

图 3-16，滚筒三瓦条哺鸡脊，瓦工技能实考项目。

图 3-17，五七式斗栱，木工技能实考项目。

图 3-18，水戗戗角，瓦工技能实考项目。

图 3-19，四方亭平面图，瓦工、石工技能实考项目。

图 3-20，六角亭平面，同图 3-9。

图 3-21，花窗，瓦工技能实考项目（一）。

图 3-22，花窗，瓦工技能实考项目（二）。

图 3-23，木戗角大样，木工技能实考项目。

上述图样仅供实际考核中参考，技能实考应当结合生产（工程）进行，所考之物可以得到应用。

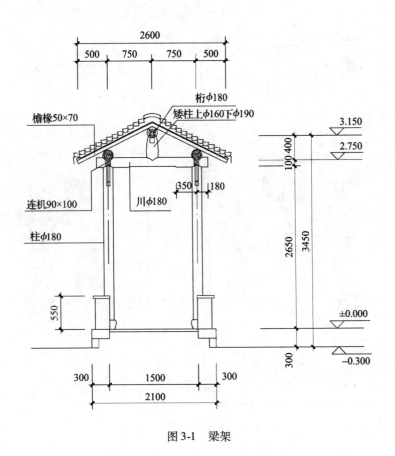

图 3-1　梁架

图 3-2 木雕

图 3-3 彩绘

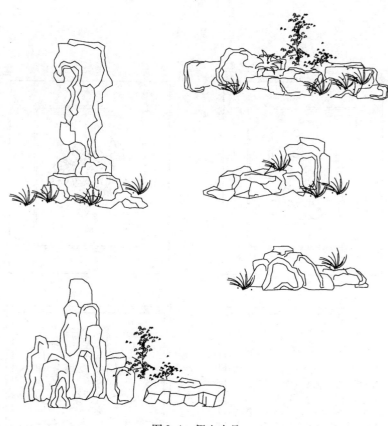

图3-4 假山小品

戗角的安装

戗角的制作安装，全由工匠在施工现场手工操作来完成，因此必须挑选手艺精湛、操作熟练的工人来完成此项工作。

戗角之势随老嫩戗之曲度，戗端逐皮挑出上弯，灵活轻巧，曲势优美。戗端出挑长度及曲势，视材料及周边环境而定。以坚实不易损坏为主。

戗角的构造，下端为戗座（攀脊），上为滚筒、二路线、盖筒。

戗角的构造及所用材料，详见下图：

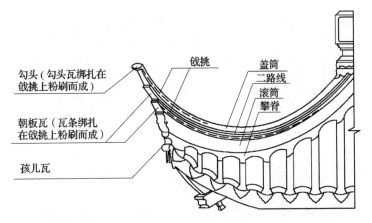

戗角制作安装的操作程序：

（1）砌糙坯　用瓦片、望砖等材料，根据图示尺寸及屋面的曲势，将戗角初步砌筑成型。

（2）粉戗角　用水泥砂浆根据图示尺寸及形状将戗角最后粉刷，塑造成型。

（3）刷涂料　用具有防水功能的黑灰色无光涂料，将戗角涂刷两遍。

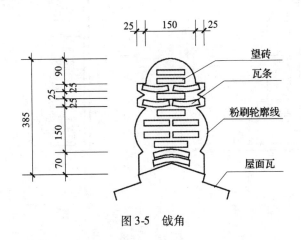

图 3-5　戗角

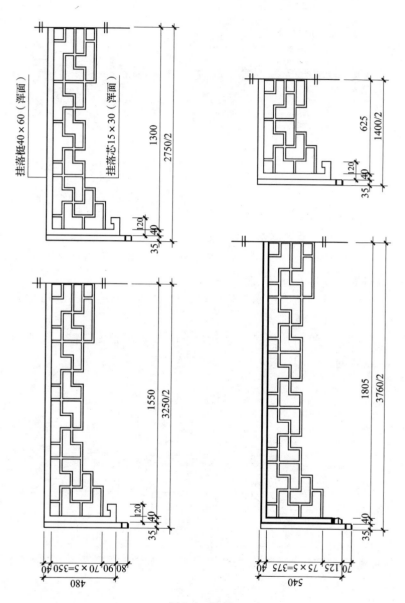

图 3-6 挂落

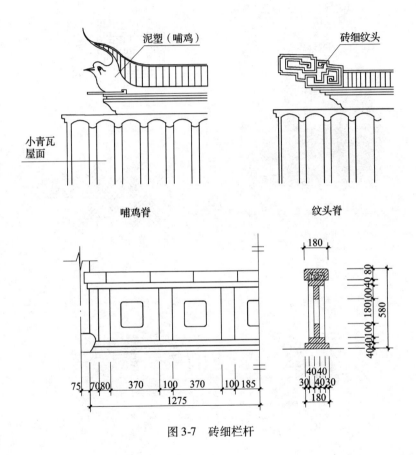

图3-7 砖细栏杆

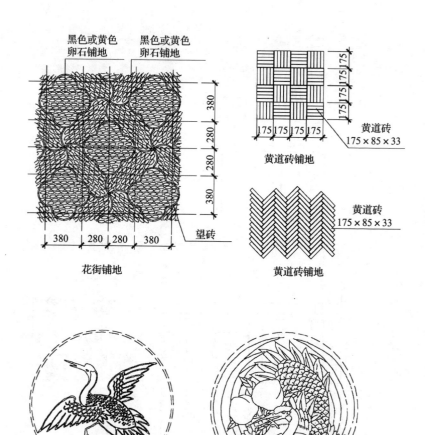

图 3-8 砌街大样

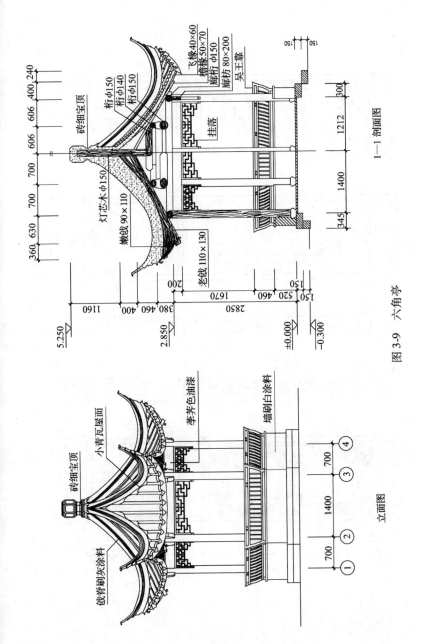

图 3.9 六角亭

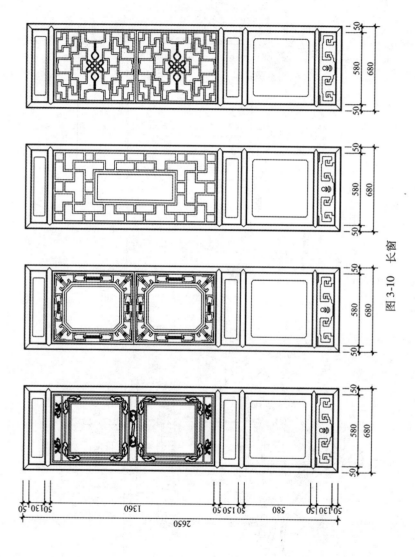

图 3-10 长窗

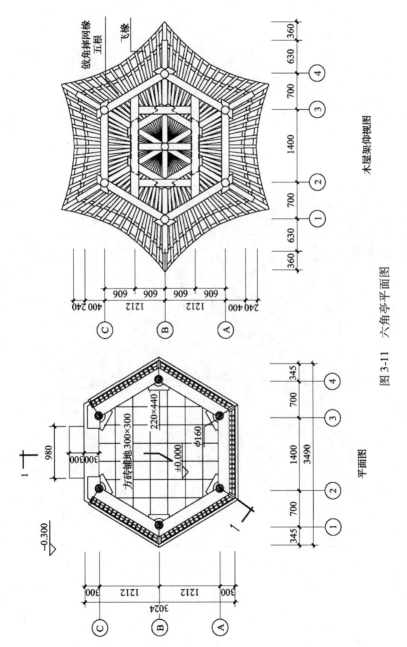

图 3-11 六角亭平面图

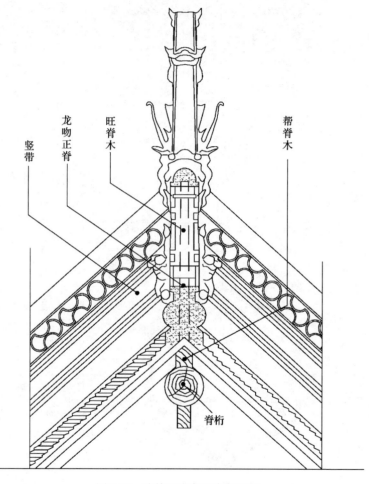

图 3-12 滚筒五瓦条正脊断面图

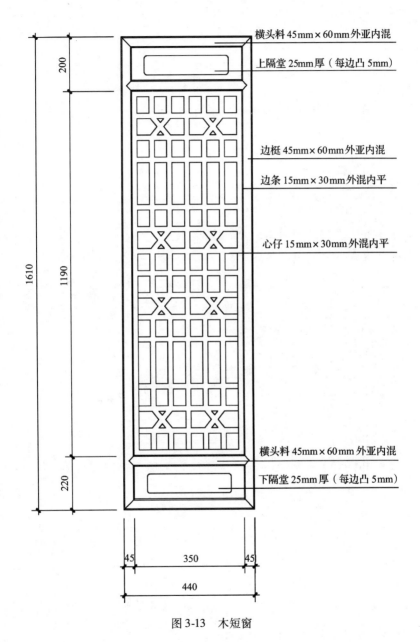

图 3-13 木短窗

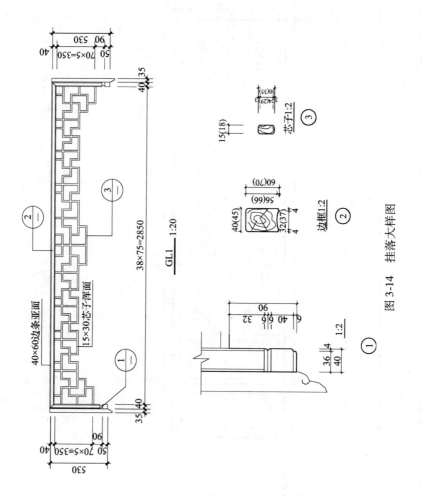

图 3-14 挂落大样图

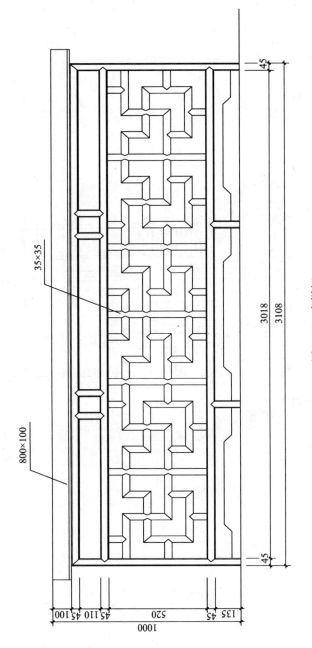

图 3-15 木栏杆

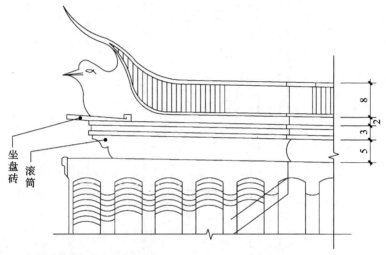

屋脊曲势及纹头,可自由酌定瓦条线路亦可增减。

图 3-16 滚筒三瓦条哺鸡脊

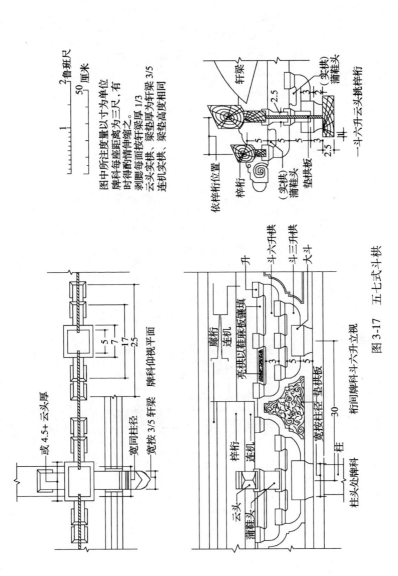

图 3-17 五七式斗拱

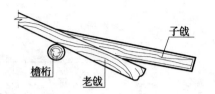

图 3-18 水戗戗角断面

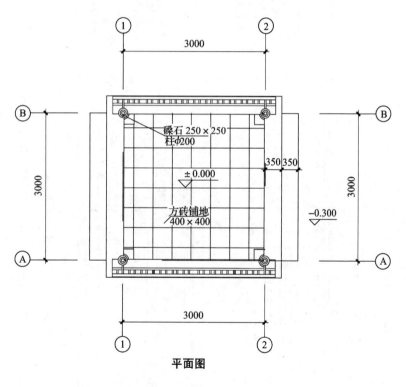

平面图

图 3-19 四方亭平面图

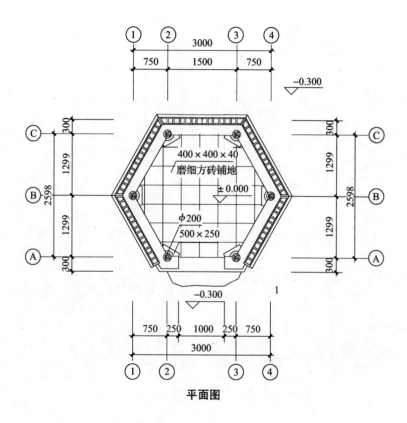

图 3-20 六角亭平面图

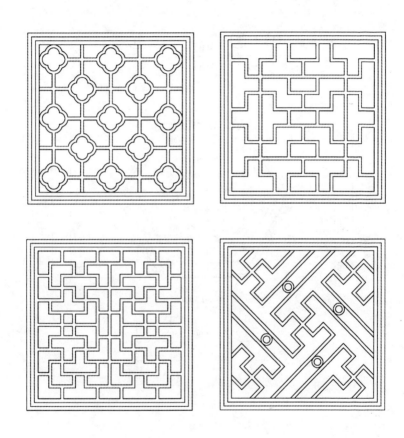

图 3-21 花窗（一）

图 3-22 花窗（二）

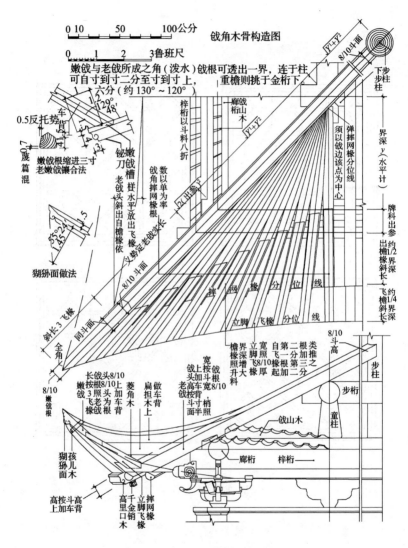

图 3-23 木戗角大样图

第4部分

古建筑技师基础理论复习题

1. 建筑结构分几种类型？

答：分为混凝土、砌体、钢、木结构。

2. 钢筋混凝土中使用什么钢筋？

答：使用热轧和冷轧钢筋。

3. 在实际工程中不允许采用什么梁？

答：不允许采用超筋梁或少筋梁，因其属于脆性破坏。

4. 按照张拉钢筋与浇筑混凝土的先后关系，施工加预应力方法有哪些？

答：可以分为先张法和后张法两种。

5. 在非地震区，框架结构的层数可建到多少层？

答：可以建到 15~20 层。

6. 现浇钢筋混凝土楼盖有哪几种形式？

答：有肋形楼盖、井式楼盖、无梁楼盖和密肋楼盖四种。

7. 有抗震要求设防的砖砌体其砂浆强度不低于多少？

答：不应低于 M5。

8. 普通钢筋混凝土的自重每立方米有多少牛顿？

答：为 $25kN/m^3$。

9. 在住宅建筑中，阳台活荷载有什么要求？

答：阳台活荷载取值应比住宅楼楼面的活荷载大。

10. 现浇悬挑梁，其截面高度一般有何要求？

答：一般为其跨度的 1/6。

11. 钢筋混凝土、标准砖、木材、砂浆的自重哪个最重（m^3）？

答：钢筋混凝土的自重最重。

12. 如何提高梁的抗剪能力？

答：在梁内增设箍筋。

13. 砖基础砌筑最好采取哪种砂浆？

答：采取水泥砂浆。

14. 普通黏土烧结砖的强度等级是根据哪种强度确定？

答：根据抗压强度和抗折强度。

15. 钢筋砖过梁内的钢筋在支座内的锚固长度不小于多少？

答：不小于240mm。

16. 哪一类钢筋混凝土允许的伸缩缝间距最大？

答：装配式框架结构。

17. 钢筋混凝土柱要求有哪些是不正确的？

答：纵向钢筋配置越多越好。

18. 混凝土保护层有哪些作用？

答：防火、防锈、增加粘结力。

19. 钢筋混凝土中的钢筋含碳量会不会影响钢筋混凝土的粘结力？

答：不会影响其粘结力。

20. 混凝土梁和钢筋混凝土梁哪一个承载力大？

答：钢筋混凝土梁承载力大。

21. 哪些因素会影响钢筋混凝土梁的抗剪承载力，哪个最小？

答：截面尺寸、混凝土强度、配筋率、配箍率，配筋率影响最小。

22. 建筑结构中需设置哪些变形缝？须贯通结构的是哪种缝？

答：伸缩缝、沉降缝、抗震缝、温度缝。沉降缝贯通整个结构。

23. 哪一种屋架（钢屋架）适合较大的坡度？

答：三角形屋架。

24. 木桁架起拱有什么规定？

答：应作$\frac{1}{200}$的起拱。

25. 拱结构能承受哪种力？

答：承受压力。

26. 用原木、方木制作承重木结构构件时，木材含水率应多少？

答：不大于25%。

27. 木材的缺陷和疵病对哪种强度影响最大？

答：对抗拉强度影响最大。

28. 在软弱地基上建房时，对房型复杂，荷载差异大的框架结构，应选择哪种基础？

答：应选用箱基、桩基、筏基。

29. 刚性砖基础台阶的宽高比最大允许值为多少？

答：为1:1.5。

30. 哪种土不能作地基？

答：淤泥土不能作地基。

31. 钢筋混凝土共同工作的原因是什么？

答：（1）钢筋表面与混凝土之间存在粘结作用；（2）两者温度膨胀系数相同；（3）钢筋被混凝土包裹大气无法侵袭。

32. 钢筋混凝土框架结构有哪几种施工方法？

答：全现浇框架、全装配式框架、装配式整体框架、半现浇框架。

33. 影响砌体抗压强度的因素有几种？

答：块材和砂浆强度、砂浆性能、块材尺寸和形状、砌筑质量。

34. 钢材的力学性能主要有哪些指标？

答：屈服点、抗拉强度、伸长率、冷弯性能、冲击韧性。

35. 脆性材料的特征是什么？

答：破坏前无明显变形。

36. 松木、花岗岩、钢材的抗拉强度哪个最大，哪个最小？

答：花岗岩最小、建筑钢材最大。

37. 石膏和石膏制品不适合什么装修？

答：卫生间内墙贴面。

38. 硅酸盐水泥强度等级有几个？

答：有6个。

39. 在原材料不变情况下，影响混凝土的抗压强度因素是什么？

答：水灰比例。

40. 水曲柳树属于什么树种（以树叶区别）？

答：属于阔叶树种。

41. 木材哪种强度的值最大？

答：抗弯强度。

42. 哪些材料为憎水材料？

答：沥青。

43. 三大建筑材料指哪些？

答：水泥、钢材、木材。

44. 哪些材料为韧性材料？

答：木材。

45. 石膏制品为什么能防火？

答：因含有大量结晶水。

46. 三合土垫层是用哪三种料材拌合铺设？

答：消石灰、碎砖石、锯木屑。

47. 石膏属建筑材料中哪一类？

答：属胶凝材料。

48. 如何用手摸感测水泥受潮严重？

答：结硬块不动。

49. 水泥强度等级根据哪个龄期的抗压强度？

答：28d。

50. 混凝土中的骨料石子是以石子的什么确定？

答：石子的粒径。

51. 钢筋混凝土梁板的混凝土强度等级是多少？

答：为C15～C30。

52. 砌$1m^3$的砖砌体，需要多少九五砖？（烧结砖）

答：需512块九五砖。

53. 水磨石中用色渣石是用哪种石料破碎后掺入？

答：大理石。

54．热轧钢筋中断面为光面圆形的属哪级钢筋？

答：属于Ⅰ级。

55．建筑材料如何分类？每类包括哪些建筑材料？

答：非金属和金属两大类，非金属中有无机、有机材料，金属中有黑色和有色。

56．如何进行水泥的验收？

答：质量证明书、强度等级符合销售合同，外观质量。

57．砌筑砂浆应具有哪些主要性质？

答：良好的和易性，足够的抗压强度和粘结强度。

58．钢材具有哪些性能？

答：弹性、强度、塑性、疲劳强度、弯曲性能、焊接性能等。

59．石油、沥青的主要成分是什么？

答：油分、树脂、地沥青。

60．什么叫施工图预算？

答：依据施工图纸、预算定额、取费标准等基础资料编制出来的建筑费用文件，是设计文件组成部分。

61．单位工程指什么？

答：指土建工程。

62．什么叫施工定额，它的作用？

答：施工企业为了组织生产和加强管理在企业内部使用的一种定额。

63．什么叫定额直接费？

答：施工过程中耗费的构成工程实体和有助于工程形成的各项费用，包括人工、材料、施工机械等。

64．劳动定额有哪两种形式？各以什么为标准？

答：时间定额和产量定额，时间定额以完成一件产品所规定的时间，产量定额是在单位时间内完成产品的数量。

65．工程量计算在施工图预算中起什么用？

答：是施工图预算中之重要环节。

66. 单层建筑物的面积如何计算？

答：不论其高度如何、均按一层计算建筑面积，按建筑物外墙勒脚以上外围水平面积计算。

67. 单层建筑物带有部分楼层，其面积如何计算？

答：部分楼层按同样方法计算其面积。

68. 建筑物内技术层，层高超过2.2m时建筑面积是否计算？

答：应计算建筑面积。

69. 何谓平整场地？其厚度应在多少范围？

答：在±400mm以内挖填找平为平整场地。

70. 电气照明是否属于单项工程？

答：不属于单项工程。

71. 工程直接费由哪几项组成？

答：定额直接费、其他直接费、现场经费组成。

72. 挖土起点标高以什么确定？

答：以设计的室外标高计算确定。

73. 现场经费包括哪些内容？

答：临时设施费、现场管理费。

74. 工程造价正确与否，主要看哪些因素？

答：分项工程量的数量和预算定额的基价。

75. 平整场地工程按规定在什么边线外加大多少计算？

答：建筑物底面积外边线每边加2m计算。

76. 砌墙脚手架在高度上按什么计算？

答：按高3.6m计算。

77. 钢筋半圆弯钩增加长度按什么计算？

答：按6.25α。

78. 现浇混凝土墙、板、预制板等构件在什么面积内不扣除？

答：在0.3m²以内。

79. 建筑安装工程造价由哪些费用组成？

答：直接工程费，间接费、计划利润、税金等组成。

80. 定额分几类？

答：施工定额、预算定额、概算定额和概算指标等组成。

81. 什么是工程预付款？

答：在工程开工前根据施工合同规定建设单位向施工单位提供一定的预先支付的款项。

82. 基础工程量包括哪些项目？

答：平整场地、人工（机械）挖地槽、挖地坑、挖土方、原土打夯。

83. 图幅有几种幅面尺寸？A3图的长宽尺寸各多少？

答：五种尺寸，A3长宽尺寸为420mm×297mm。

84. 绘图时需要尺寸加大是否可以随意加大？怎么加大才对？

答：不能随意加大，应加大图纸长边才对。

85. 什么是比例？图上标注的尺寸与画图的比例有无关系？

答：图纸与实物相对应的线性尺寸之比为比例。有关系。

86. 试述粗实线、中实线、细实线、中虚线、细单点长划线、折断线的线型和线宽。

答：粗实线为b，中实线0.5b，细实线为0.25b，中虚线0.5b，细单点长线0.25b，折断线0.25b。

87. 建筑物或构筑物的平面图、立面图、剖面图的选用比例宜符合哪5个规定？配件及构造详图的选用比例宜符合哪九个规定？

答：前者：1∶50、1∶100、1∶200、1∶300、1∶500。

后者：1∶1、1∶2、1∶10、1∶15、1∶20、1∶25、1∶30、1∶50、1∶100。

88. 试述房屋施工图的分类以及建筑施工图与结构施工图包括哪些图纸？

答：建筑施工图包括总平面图、建筑平面图、建筑剖面图、建筑详图。结构施工图包括结构平面图、构件详图、结构构造详图等。

89．试述总平面图的作用与内容？

答：新建房屋定位，施工放线，土方施工及施工总平面设计和其他工程管线设置依据。反映新建房屋平面、位置朝向、标高、面积等。

90．为什么要画详图？它在表达方法上与平、立、剖面图有何区别？

答：平面、立面、剖面所用比例小，许多细部构造无法表示清楚，所以用较大比例画出房屋局部构造的详细图纸成详图。

91．试述绘图时，首先要考虑的方面及画图的顺序？

答：所画图型的内容数量、大小，选择合适比例进行布图、用H或2H铅笔画底图然后加深注尺寸。先平、再立、剖、后详。

92．钢筋混凝土结构图一般应包括哪些内容？

答：楼层结构平面、屋面结构平面、基础施工图、构件详图。

尊敬的读者：

感谢您选购我社图书！建工版图书按图书销售分类在卖场上架，共设 22 个一级分类及 43 个二级分类，根据图书销售分类选购建筑类图书会节省您的大量时间。现将建工版图书销售分类及与我社联系方式介绍给您，欢迎随时与我们联系。

★建工版图书销售分类表（见下表）

★欢迎登陆中国建筑工业出版社网站 www.cabp.com.cn，本网站为您提供建工版图书信息查询、网上留言、购书服务，并邀请您加入网上读者俱乐部。

★中国建筑工业出版社总编室
电话：010—58337016
传真：010—68321361
★中国建筑工业出版社发行部
电话：010—58337346
传真：010—68325420
E-mail：hbw@cabp.com.cn

建工版图书销售发类表

一级分类名称（代码）	二级分类名称（代码）	一极分类名称（代码）	二级分类名称（代码）
建筑学（A）	建筑历史与理论（A10）	园林景观（G）	园林史与园林景观理论（G10）
	建筑设计（A20）		园林景观规划与设计（G20）
	建筑技术（A30）		环境艺术设计（G30）
	建筑表现·建筑制图（A40）		园林景观施工（G40）
	建筑艺术（A50）		园林植物与应用（G50）
建筑设备·建筑材料（F）	暖通空调（F10）	城乡建设·市政工程·环境工程（B）	城镇与乡（村）建设（B10）
	建筑给水排水（F20）		道路桥梁工程（B20）
	建筑电气与建筑智能化技术（F30）		市政给水排水工程（B30）
	建筑节能·建筑防火（F40）		市政供热、供燃气工程（B40）
	建筑材料（F50）		环境工程（B50）
城市规划·城市设计（P）	城市史与城市规划理论（P10）	建筑结构与岩土工程（S）	建筑结构（S10）
	城市规划与城市设计（P20）		岩土工程（S20）
室内设计·装饰装修（D）	室内设计与表现（D10）	建筑施工·设备安装技术（C）	施工技术（C10）
	家具与装饰（D20）		设备安装技术（C20）
	装修材料与施工（D30）		工程质量与安全（C30）

续表

一级分类名称（代码）	二级分类名称（代码）	一级分类名称（代码）	二级分类名称（代码）
建筑工程经济与管理（M）	施工管理（M10）	房地产开发管理（E）	房地产开发与经营（E10）
	工程管理（M20）		物业管理（E20）
	工程监理（M30）	辞典·连续出版物（Z）	辞典（Z10）
	工程经济与造价（M40）		连续出版物（Z20）
艺术·设计（K）	艺术（K10）	旅游·其他（Q）	旅游（Q10）
	工业设计（K20）		其他（Q20）
	平面设计（K30）	土木建筑计算机应用系列（J）	
执业资格考试用书（R）		法律法规与标准规范单行本（T）	
高校教材（V）		法律法规与标准规范汇编/大全（U）	
高职高专教材（X）		培训教材（Y）	
中职中专教材（W）		电子出版物（H）	

注：建工版图书销售分类已标注于图书封底。